写给孩子的科普丛书 ③

# 真好奇，家电科技

〔韩〕黄珍奎 著 〔韩〕GOGOPINK 绘 金德 译

山东人民出版社·济南

图书 邮山师社 全国百佳图书出版单位

# 目录

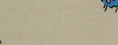

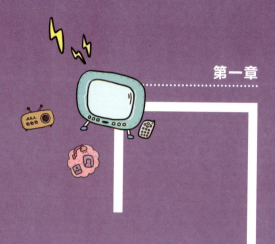

## 第一章

我给你做鸡蛋羹
——微波炉

# 电磁波所带来的方便

"妈妈不在家的时候不允许打开煤气炉，知道吗？"

这是小时候我自己在家时妈妈常对我说的一句话。因为她怕家里着火，或者出现什么其他危险。直到有一天，一个小伙伴让我去他家玩，我们玩得很开心，但突然感觉肚子饿了。

我说："肚子好饿，有什么可以吃的东西吗？"

"是吗？要我给你做鸡蛋羹吗？"

朋友回答得非常自然，但我却感到惊讶。不仅因为朋友会做鸡蛋羹，而且似乎可以独自使用煤气炉。

"你能自己使用煤气炉？"

"当然不行。"

"那你打算怎么做鸡蛋羹呢？"

"方法倒是有的。"

朋友在石锅①里打了两个鸡蛋，加水和盐搅了几下，最后放进了"长得像方块的小箱子"里面。随着"嗡嗡嗡"的声音，几分钟过后，热气腾腾的鸡蛋羹便完成了。大家想必已经猜到这"方块箱子"是什么了吧？对，它就是微波炉。我第一次看到微波炉的时候感觉非常新奇，因为不用点火也能用它做东西吃。

## 不点火就能烹饪食物的器具

微波炉和其他烹饪器具不一样。什么地方不一样呢？煤气炉是用火给炒菜锅加热，即通过热传导的方式烹饪食物；而微波炉则是给炉里的空气加热，即通过对流的方式烹饪食物。因为微波炉不需要使用明火加热，烹饪食物变得更加简便安全。

使用微波炉还有一点很方便。那就是我们可以自由地选择装食物的容器。如果在点着火的煤气炉上放玻璃、瓷器或者塑料容器的

①　石锅是韩国餐具，相当于中国的碗。——译者注

4

话会怎么样呢？一般材质的玻璃或瓷器想必会碎，塑料也会融化。使用烤箱时也是如此。但是微波炉对容器材质非常包容。只要容器上标注"可供微波炉使用"，我们就能用其烹饪食物，非常方便。

# 一次偶然的发现

## 融化的巧克力

微波炉是美国工学家珀西·斯宾塞（Percy Spencer）在一次偶然的机会中发明的。当时，斯宾塞在一家叫"雷声"的无线电通信设备公司工作。他在做开发雷达设备的工作时，兜里总会装着两块休息时当点心吃的巧克力。但每次他要享用它们时，却发现巧克力已经融化掉了。当时斯宾塞无法理解为什么会是这样，因为室内的温度没有高到让巧克力融化的程度。

"这事儿真奇怪，为什么巧克力会融化？"

困惑不解的斯宾塞突然想到这件事会不会和自己的工作有关。因为雷达设备会使用"电磁波"的技术，所以他想巧克力的融化会不会和这件事有关。随后他便开始做起了相关的实验。

　　第一个实验对象是玉米粒。当他把玉米粒放在了电磁波场时，那些玉米在丝毫没有加热的情况下立刻发出"砰砰"的声音，变成了爆米花。接着，他又拿生鸡蛋做实验品，把它放到电磁波的旁边，鸡蛋在一阵抖动之后"砰"的一声便爆炸了。

　　看到这一情景的斯宾塞相信：用电磁波也能做菜！

## 利用数学完善微波炉的弱点

　　经过一系列的研究和实验，斯宾塞终于发明了类似微波炉的机器。但是新机器还是存在一些问题，其中最大的问题是食物受热不均匀。发现这个问题的人叫克里斯·伯德（Chris Byrd），他是英国巴斯大学王室数学协会的教授。

这个问题相当严重，因为如果用微波炉无法给烹饪食物均匀加热的话，有可能会引发食物中毒，还会浪费电和时间。为了解决这个问题，伯德专门组建了研究团队，着手改进微波炉。

　　经过一段时间的研究，伯德和他的团队终于解决了这个问题。他们发现，利用麦克斯韦方程组[①]可以计算出烹饪食物需要多少电磁波。换句话说，伯德和他的研究团队使用数学公式计算出了不同位置的食物各需要多少电磁波才能烧熟。有了科学的计量，他们终于研究出了能均匀烹饪食物的改良版的微波炉。

---

　　① 一组描述电场和磁场的方程。——译者注

# 微波和水的秘密

## 搓手发热的现象

微波炉并不是把外部的热量传达到食物，而是利用微波使食物中的水分子剧烈运动产生大量热能，进而煮熟食物。如果这很难理解的话，大家可以想象一下，在寒冷的冬天我们是如何让自己的手变暖的。

取暖的方式主要有两种：一是把手靠近暖气等散热设备取暖，另一种就是搓手取暖。煤气炉的工作原理和暖气的工作原理相类似，它是通过热传导的方式把热量传递给易于导热的锅具来烹饪食物。微波炉的工作原理和搓手的工作原理相类似，烹饪食物所需的热量并不来自食物外部，而是来自食物本身产生的热量。

为什么搓手会产生热量呢？因为搓手的运动（我们称之为"动能"）会转换为热量（我们称之为"热能"）。与之相同，微波炉的工作原理也是把食物自身"运动"的动能转换为热能。但是如果我们仔细观察的话，便很难同意这句话。因为微波炉里的食物只是静静地在转盘上转动，看不出通过什么激烈的运动来产生热量这回事。

## 第一个秘密——微波

为了解开这个疑团，我们必须要明白两件事情：第一，微波炉可以制造电磁波；第二，食物中含有水分子。首先来了解一下电磁波。简而言之，电磁波就是看不见的波动。我们能够收看电视或者用手机通话都是电磁波的功劳。

那么，电视和电话既然也和电磁波有关，那可不可以用它们来做鸡蛋羹呢？事实证明是不能的。因为微波炉发出的是另一种电磁波。电磁波有X射线、红外线、紫外线、无线电波、微波等多个种类，而这种分类的依据就是它们进行周期运动的次数（我们称之为"频率"）。

微波炉发出的微波具有1秒振动$2.45 \times 10^{9}$次（频率是2.45GHz）[①]的特征。我们称这样的电磁波为"微波（microwave）"。现在大家应该明白了为什么用英语称微波炉为"microwave oven"吧？这种微波可以使水分子发生摩擦。

## 第二个秘密——水

几乎所有的食物都含有水分。微波炉发出的微波可以让食物中的水分子互相摩擦，并通过这样的摩擦来产生热量来加热食物。换句话说，水分子摩擦时产生的动能可以被转换为热能。这就像我们在寒冷的冬天用搓手的方式取暖一样。所以，微波炉里只能放有水分的食物。

举个例子，如果把没有水分的玻璃杯或塑料盘子放进微波炉是不会产生任何热量的。所以我们会经常使用玻璃、陶瓷、塑料盘当作加工食物的容器。但是当装有牛奶的杯子放进微波炉的话，会发现杯子也是热的，其实这是因为牛奶煮热后把热量传到了杯子，并不是杯子本身在发热。

---

① G表示的是10亿，即$10^{9}$。Hz表示"赫兹"，每秒钟振动一次为1赫兹。GHz表示"吉赫"，1吉赫等于10亿赫兹。2.45GHz表示的是微波在一秒内发生了24.5亿次的振动。——编者注

# 微波对身体有害吗？

微波炉虽然使用方便，但也有危险之处。煤气炉的火是肉眼可见的，其危险也是可见的，容易引起我们的警惕。但微波炉的电磁波是肉眼看不见的，其危险是不易被察觉的。

不是所有的盘子都能进入微波炉，要注意避免使用锡纸或其他金属类的盘子。锡纸或其他金属制品有反射微波的特性，因此微波很难加热食物，而且微波集中在金属尖端会引发火花，这是非常危险的。

同时，微波炉所发出的微波对人体是有害的，因为我们的身体也含有很多水分。我们之所以可以安心使用它，这是因为人们在微波炉的玻璃门上安装了防止微波外泄的金属网。

虽说喝不到泉水有点可惜
——净水器

# 发明于太平洋战争时期的净水器

　　轻便的衣着，海边凉爽的风，丰富的水果……夏天真是个令人愉快的季节。但是，有时候我们也会讨厌夏天。炎炎烈日下踢完球后，大汗淋漓的你特别想痛快地喝口冰凉的水，然而家里却只有热水。

　　小时候，我们家一直都是把自来水烧开喝的。要问我为什么，当然是因为没有直接能喝到凉水的净水器。现在，无论是家里、培训机构还是超市等室内公共场所，几乎都有净水器。但是，我小的时候根本就没有净水器。那时，人们通常把自来水烧开来饮用，目的是消灭水中或许存在的病菌，但是这种方法存在弊端。

　　　　　第二章　虽说喝不到泉水有点可惜——净水器

首先，它很烦琐。每次都要烧水，而且喝的时候还要等着水变凉。其次，它更大的弊端是没办法彻底去除水中的重金属以及其他对人体有害的污染物。而革除这些弊端的正是净水器。因为净水器，我们才能随时随地喝到凉爽又安全的水。

## 净水器的历史

史前时代，人们直接饮用自然界的水，但是因为无法消毒，有时会闹肚子甚至丢掉性命。后来，人类在经验和智慧的积累中学会了烧水喝的方法。其实烧水本身就对水起到了一定的净化作用。"净水"一词本身就是"将水净化"的意思，所以说，将水烧开，去除其中的病菌是最原始的净水方法。

古希腊时期，被人们称作医学之父的希波克拉底也曾主张，水管流出的水不可以直接饮用，需要烧开后再喝。

但是，烧开水这种净水方法和现在使用净水器净水的方法有很大的不同。现在我们使用的净水器是在第二次世界大战中由美国海军最先发明出来的。

1940年初，美军和日军开始了漫长的战争。战争中，美国海军需要短则数月、长则数年待在茫茫大海上。这期间最大的问题就是淡水

的匮乏。

在海上，士兵们洗衣服、洗漱、洗澡以及饮水都需要淡水。因此，确保淡水的供应是美军最头疼的事。

明明周围都是水，却不能使用该有多无奈？这种困境促使美军的工程师发明了能够去除海水盐分、将海水变成淡水的设备——安装有旋转式滤清器<sup>①</sup>的净水器。多亏了这种设备，人们可以将海水转换为淡水。这种设备正是今天我们广为应用的净水器——反渗透式净水器的原型。

---

① 可以去除水中直径为0.0001微米的重金属和病毒、离子成分、微生物等污染物，是净水器的核心部件。——编者注

# 反渗透的原理

　　净水器是如何产出干净的水的呢？首先需要知道净水器的准确含义。净水器是通过物理、化学过程将水净化的设备。这意味着净水器大致可分为两种，即通过物理方式净化水的净水器和通过化学方式净化水的净水器。

## 巨型的净水器——地球

　　我们可以自己做一个用物理方式净水的实验，需要准备的东西有泥水、大卵石、小卵石、沙子、活性炭、矿泉水瓶。将矿泉水瓶从中间剪开，将瓶口倒置，然后将大卵石、小卵石、沙子、活性炭装进瓶子，再依次装进沙子、小卵石、大卵石，一个净水器就完成了。

将提前准备好的泥水倒入矿泉水瓶中，泥水会顺着卵石、沙子、活性炭一滴一滴地往下落。将这些水存储起来，并和最开始的泥水比较一下。一开始看起来污浊的泥水会变成比较清澈的净水。这是怎么回事呢？

首先，泥水中大大小小的漂浮物会被大卵石和小卵石、沙子过滤掉，自来水中残留的氯等有害物质会被活性炭吸附，甚至连恶臭味也会被吸附掉。炭可以作为燃料，也可以作为吸附水中杂质的净化剂。其次，接近瓶口的沙子和卵石会过滤掉经过活性炭过滤的水中的浮游物，最终得到了干净的水。这就是物理净水器净化水的原理。

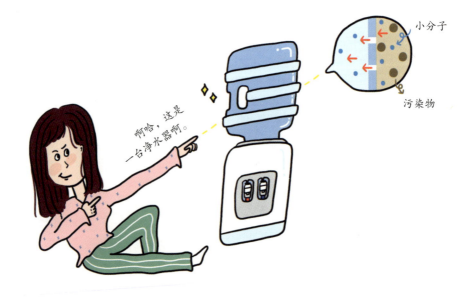

这里还有一个有趣的事实。物理净水器的工作原理其实就是地下水生成的原理。地球是个巨大的净水器。雨水落到地上，然后通过地表层层净化后存储到地下形成地下水。这就是在没有净水器的年代，人们也能在泉或者井里获取到干净水的原因。

## 反渗透式净水器

反渗透式净水器是我们现在常用的一种净水器。反渗透的意思是逆向渗透。那什么是渗透呢？渗透是我们常见的一种生活现象。比如，吃了咸的食物会渴，在澡堂里泡久了手会变皱等，这都是渗透现象。

为了便于理解渗透这一概念，我们来做个简单的实验。在一个U型烧杯中间用鸡蛋壳做一层膜，壳的一边倒入很浓的盐水，另一边倒入稍微淡一些的盐水。就像热水和凉水混合后其温度差异会变小一样，盐浓度不一样的水混在一起，盐的浓度差异也会变小。所以，在淡盐水的一侧，会有水通过蛋壳流到浓盐水的一侧，而盐被蛋壳挡住，留了下

来。鸡蛋壳作为一种半透膜会阻挡住盐分，即溶质的流动，却可以让水，即溶剂通过。

这种纯水通过半透膜从低浓度盐水或者是淡水中移动到高浓度盐水中的现象就是渗透现象。为什么纯水会从低浓度盐水向高浓度盐水渗透，这是因为盐水中的盐分对水产生了吸引力，这个吸引力就是渗透压。同样的温度下，盐水浓度越高，渗透压越高。水总是从渗透压低的溶液中向渗透压高的溶液中自然渗透。

反渗透净水器是利用反渗透原理净化水的设备。那什么是反渗透呢？是不是不好理解？我们再来做一个与刚才那个实验相似的一个实验。先在 U 型烧杯中用鸡蛋壳做一层半渗透膜，膜的一边倒入盐水，另一边倒入少量的水。现在我们看看用什么办法可以去除盐水中的盐分，得到可以喝的淡水。如果我们什么也不做，只是将烧杯静置，那么这时盐水一侧中的盐分会对膜另一侧的淡水产生吸引，即淡水向渗透压高的盐水自然渗透，结果盐水虽然不那么咸了，但水的盐分依然存在着。看来通过静置烧杯的办法是得不到纯水的。

那么，如果这时我们通过电能给位于膜一侧的盐水加压，结果会怎么样呢？给盐水一侧加压，盐水中的水会逆着自然渗透的方向做反向渗透，通过半渗透膜到达膜的另一侧，而分子大的盐分无法透过半渗透膜，留在了盐水一侧。这个过程就是反渗透。外力把盐吸引水的渗透压破坏掉，迫使水和盐即水溶剂与溶质发生分离，这个外力就是反渗透压。反渗透净水器接通电源后，净水器中的增压泵就开始工作，电能转化成的机械能产生反渗透压，通过半渗透膜把水溶液中的水与溶质强行分离开来，最终就得到了可以饮用的纯净水。这便是反渗透净水器的工作原理。

## 破坏了巨型净水器而制作出的小净水器

那么净水器真的很好吗？将不能喝的水变成饮用水是不是成功的工业产品呢？也不完全是。在数十年前，人们曾开玩笑说，"没准以后水都要花钱买着喝"。

在当时，这句话就像现在所说的"空气都要花钱买一样"，是无稽之谈。但是在今天，它却成了事实。

就在短短的40年前，农村地区还是挑井水喝的，城市里也有泉水，人们随处都可以获取饮用水。但是随着大规模工业建设的兴起，环境污染变得越来越严重，现在已经无法确信井水、泉水等地下水的安全性。来自大自然的井水和泉水渐渐消失，取而代之的是净水器净化过的水。

前面我们说过，地球是一台可以净化地下水的巨型净水器。或许，是我们破坏了地球这台所有人都可以使用的净水器，继而在各自的家中装上了小的净水器。真正美好的世界不是所有的家庭都有一台净水器的世界，而是大家都共享地球这台巨型净水器的世界。难道不是吗？

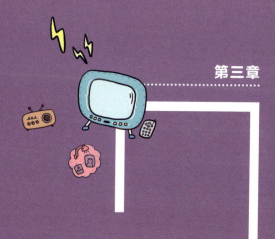

# 无法忍受干燥
## ——加湿器

# 将水雾化为小颗粒的加湿器

我从小嗓子就不好。特别是冬天得了感冒，喉咙就会很不舒服。为了解决这个问题，妈妈常常会把湿毛巾挂在房间里。神奇的是，这样一来，我咳嗽的症状就会缓解很多。既没有去医院看医生也没有吃药，为什么症状就会减轻呢？这是因为空气的湿度增加了。

虽然肉眼无法看到，但是空气中包含着水分，这就是水蒸气。湿度是指空气中水蒸气的饱和程度，空气湿度在55%～60%的时候人们的感觉最舒服。我们常说的"潮湿"就是指空气中的水蒸气较多。相反的，"干燥"就是水蒸气较少的意思。

我们的身体会随着空气湿度的变化而感到舒服或不适。炎热而潮湿的夏季，我们的身上会黏糊糊的，感觉很不舒服。夏季过后迎来初秋，空气湿度也渐渐变得宜人，人们的身心都会倍觉舒适。

但是空气湿度对人的影响不仅仅是令人舒不舒服那么简单，它还会对我们的健康产生很大影响。湿度太低导致空气干燥，容易使人喉咙痛，染上感冒，眼睛也会变得干涩。另外，皮肤也会因空气干燥而瘙痒。为了解决这一系列的问题，加湿器应运而生。加湿器就是在冬天这种干燥的季节或者其他需要保持一定空气湿度的场所，用来增加室内空气湿度的家用电器。

## 加热型加湿器和超声波型加湿器

目前广泛使用的加湿器有两种——加热型加湿器和超声波型加湿器。它们的工作原理不同，发展的历史也各不相同。首先，加热型加湿器没有确切的发明人和诞生地记录。有记录的是，在发明大王爱迪生的上千种发明中就有加湿器。不过这也不足为奇，因为这种加热型加湿器的制造不需要高科学技术。

加湿，即给空气增加水蒸气，最基本的方法就是烧水。电热水壶烧水产生水蒸气，空气湿度就会上升。因此，从这个角度看，发明了烧水的电热水壶其实和发明了加热型加湿器是一样的。如果整晚都在用电热水壶烧水，那么它就会起到加湿器的作用。

　　或许是这个原因，在江原道江陵的"真音留声机和爱迪生科学博物馆"中，电热水壶和加湿器作为爱迪生的发明被一同展出。

　　说起超声波型加湿器，就需要与"超声波"的历史一起说起。

　　说起超声波的历史，我们需要追溯到1916年。当时，法国的物理学家保罗·朗之万正在进行一项研究——如何在漆黑深海中寻找移动的潜水艇。经过反复的研究，朗之万研发出了叫作"声呐（sonar）"的水中声波探测器，它可以用来定位潜水艇。

朗之万是如何在漆黑的深海中探测到移动的潜水艇的呢？秘密就来自于超声波。声呐将超声波发射到水中，通过超声波遇到物体时反射回来的波信号来探测目标物体的距离、形态及其动态改变。蝙蝠从体内发出超声波，通过超声波遇到物体后反射的波信号确定猎物位置，其原理和声呐是相同的。

　　超声波在我们的生活中得到了广泛的应用。眼镜店必备的眼镜清洗机就是利用超声波使清洗液发生振动，洗掉眼镜上的灰尘和油渍。这种清洁方式既省时间，效果还好。超声波还被应用在医学上，如人体内的结石可以用超声波将其打碎。

　　超声波也被应用到了加湿器上。利用超声波的高频声波产生振荡给空气加湿的电器就是超声波加湿器。

# 加热方式和超声波方式

　　加湿器是向干燥的空气中喷出水雾来增加空气湿度的。给空气增加水分并不是说说这么简单的事情。比如，将水洒在房间的地上，虽然地面到处是水，但屋内的空气湿度并不会因此增加很多。想要增加湿度，需要向空气中释放水雾而不是把水单纯洒在地上。那么要怎么做呢？需要将水雾化成肉眼看不见的超微颗粒。只有这样，水才不会轻易落在地上。这个过程被称作水的"粒子化"。

　　加湿器工作的基本原理就是把水粒子化，唯有这样才能增加空气的湿度。加湿器对水的粒子化方式分为两种——加热型加湿器和超声波加湿器。加热型加湿器是通过烧水的方式使水变成水蒸气，超声波

　　　　　　　　第三章　无法忍受干燥——加湿器

型加湿器是通过超声振动将水雾化成超微粒子。

在众多的加湿器中，我们来详细了解一下目前被广泛使用的加热型加湿器、超声波型加湿器以及复合型加湿器的工作原理。

## 烧水的加热型加湿器

加热型加湿器是最古老的加湿装置。水加热是不是会产生水汽？水汽就是水加热后生成的粒子化的水蒸气。粒子化的水蒸气可以增加空气湿度，就像电热水壶利用电将水加热变成水蒸气来增加房间的湿度。

挂在房间里的湿毛巾也可以被看作一种加热型加湿器。寒冷的冬天，在温暖的房间里挂上湿毛巾，毛巾上的水会一点点地蒸发，使原本干燥的房间保持一个适当的湿度。这就是加热型加湿器的原理。

加热型加湿器是将水烧开，为空气提供水蒸气，因此空气中不会掺杂重金属等有害物质，而且烧开的水还可以把水中的病菌杀灭。但是这种加湿器也存在不足：一是热蒸汽会有把人烫伤的风险；二是跟其他类型的加湿器相比，产生水蒸气的量较少，无法起到充分加湿的作用；三是需要持续工作，用电量很大。

# 利用振动将水雾化的超声波型加湿器

简单说，超声波是一种声音，但它是人们听不到的声音。声音是由物体振动产生的声波。人耳能够听到的声音的频率在20～20000赫兹之间。高于20000赫兹的声音，人的耳朵无法感知。因此，我们把高于可听声波频率的声音叫作"超声波"。

如果说加热型加湿器是通过加热将水雾化成粒子的，那么超声波型加湿器则是利用超声波将水雾化成粒子的。确切地说，是利用超声波产生的振动将水粒子化。为了更好地理解这个原理，我们先来了解一下超声波加湿器的构造。

超声波加湿器的底部有振动板，而振动板后方是"超声波振动片"。"超声波振动片"是一种压电陶瓷片，负责把电能转换为超声波。它在通电状态下，形态会发生变化，产生振动。这种振动可以使振动板产生每秒3万～250万次的振动。这种振动就是超声波。

这样产生的振动传到水分子上，水分子会剧烈抖动并相互碰撞，最终水分子会被打散成微小的颗粒并跳出水体表面，形成细密的水雾。水雾会被加湿器里的风扇吹散，均匀地扩散到房间里。这就是超声波加湿器的工作原理。

超声波加湿器不需要烧热水，没有烫伤人的风险。而且它的耗电量也不高，使用成本低。此外，与加热型加湿器相比，它的加湿量更大。

加湿器中的水如果有问题，便会在加湿空气的过程中对人们的健康产生危害。一是如果加湿器中的水含有病菌和杂质，这些有害物质在水雾化的过程中不会被消灭，反而会和水雾一起在空气中扩散。二是如果加湿器中添加了不适当的水体消毒剂，这些扩散到空气中的消毒剂在杀死病菌的同时，也会对人体的肺部细胞产生毒

害。导致儿童、孕妇、老人等死亡的"韩国加湿器消毒剂事件"[①]就是其典型案例。

## 加热型+超声波型=复合型加湿器

复合型加湿器兼具加热型加湿器和超声波型加湿器两者的优点。我们是不是提到过加湿器的核心原理就是将水粒子化？在这个过程中，加热型加湿器和超声波型加湿器各有优缺点。加热型加湿器是通过对水加热，使水分子蒸发到空气中实现加湿的，具有"煮水杀菌"的优点和"加湿量不足""易烫伤人"的缺点；超声波型是利用超声波的振动实现水的粒子化，具有"充足的加湿量"的优点和"不能灭菌"的缺点。

复合型加湿器弥补了加热型加湿器和超声波型加湿器的缺点。它是怎么做到的呢？做法可能比大家想象中的要简单。先将水加热到75℃～80℃，然后用频率在1.525～1.74兆赫的超声波进行加湿。通过加热解决杀菌问题，同时利用超声波解决加湿量不足的问题，避免了烫伤人的风险。

---

① 指2011～2015年，英国日用品公司利洁时生产的加湿器杀菌剂产品导致使用者肺部损伤，最终造成韩国民众200多人死亡、1000多人受害的事件。——编者注

## 天然的加湿器——植物

加湿器可以打造舒适的室内环境，有助于缓解呼吸道疾病和皮肤干燥问题。但是就像所有的工业产品一样，加湿器也不是只有优点，如前面提到的加湿器消毒剂事件，使用不当就会导致很可怕的结果。而且，就算研发出更高级的加湿器，也无法避免工作过程中消耗能源。一般情况下，能源的消耗都会伴随着大大小小的污染。

那么，我们要因此放弃加湿吗？答案是否定的。其实，我们周围有着可以摆脱细菌、烫伤、能源等问题困扰的加湿器，那就是植物。植物是如何做到加湿空气的呢？这多亏了植物的"蒸腾作用"。为了支撑叶子和茎，植物就需要不断地进行光合作用。光合作用需要水的参与，因此植物通过根部来不断吸收土壤中的水。

植物的根吸收的水分会通过叶子背面的气孔以水蒸气的状态散发到空气中，这就是蒸腾作用。蒸腾作用与加湿器的核心作用——将水粒子化是一样的。

即便各种植物间会存在差异，但通常在一天的时间里，植物通过蒸腾作用输出的水分能够起到一台加湿器的作用。在草和树木比较多的地方我们通常会感觉舒适，与大自然亲密生活的人们很少患有呼吸道或者皮肤方面的疾病，这些都是有原因的。

我们有时不得不使用消耗电力的加湿器，这也许是人们周围的天然加湿器——植物消失了很多的原因吧。

所以，希望大家能够好好利用阳台和家中的各个角落，多种些绿植。如果这不容易做到，利用碳或者松球等制作天然加湿器也是一个很好的主意。

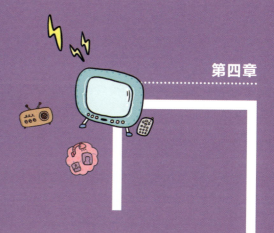

# 帮我减轻家务负担
## ——真空吸尘器

# 通过压差原理工作的真空吸尘器

　　家务真是永远都做不完。特别是打扫屋子，扫完看不出来效果，但是不扫的结果很明显——只要有一天偷懒，各个角落就会落满灰尘。但是每次都蹲坐在地上擦地或者用扫帚扫地真是很麻烦的事，干一会儿就腰酸背痛，而且抹布也需要手洗。想要把那些扫帚扫不到的死角里的头发、顽固污渍、灰尘也清理干净，就更不容易了。

　　终于有一天，一台小小的机器解决了人们的这些烦心事儿。这个机器就是"真空吸尘器"。有了它，又累又麻烦的地面清洁变得格外简单和轻松。只需将电源插上，伴随着"嗡嗡"的响声，吸尘器便将头发、灰尘以及扫帚很难清理的垃圾全部都吸进去了。从此，我们不再需要弯下腰费劲儿扫地，而且扫帚扫不到的沙发下面和床底下也能打扫得干干净净。

现在还有了不需要连接电线的无线吸尘器，这让清扫工作更加便捷了。真空吸尘器就是为了让人们简单轻松地清扫而发明出来的工具。

## 最初的真空吸尘器是喷雾型而不是吸入型

最初负责清扫的机器与现在的真空吸尘器大不相同。初期的清扫机器是"车辆型清扫机"。清扫车以出风的方式将灰尘吹散来清扫，使用起来相当不方便。由于是将灰尘从一侧吹到另一侧，车辆型清扫机常常搞得周围的人灰头土脸。

为了解决这种清扫机带来的问题，有一个人一直在不停地思索，积极寻求更好的解决办法。这个人就是英国的工程学家胡博特·布斯（Hubert Cecil Booth）。有一天，他看到人们又被车辆型清扫机弄得满身灰尘时，突然产生了一个奇妙的想法。

"将灰尘吸入而不是吹出会怎么样呢？"

回到家中，他做了一个简单的实验——用手绢捂住嘴吸地上的灰尘。通过这个简单的实验，胡博特·布斯明白了将灰尘吸入的方法是

更有效的清扫方法。1901年，布斯成立了真空吸尘器制造公司，并在1906年研制出人类第一台吸入式真空吸尘器。

但是布斯研发的吸入式真空吸尘器还存在各种问题。首先是它体积硕大，且重达49千克，只有用马车才能拉动。此外，它产生的噪音相当大，常常使得拉吸尘器的马受到惊吓而引发骚乱。

制造出轻型真空吸尘器的人是美国的詹姆斯·斯潘格勒（James Murray Spangler）。斯潘格勒是一名在百货店清洁地毯的清洁工。当时的马路大部分还不是柏油路，人们的鞋底经常沾满泥土。每次清洁地毯时，斯潘格勒都会被扬起的灰尘困扰。有一天，他看到吊在天花板上的风扇，心想如果能做出一台吸风的机器，是否就可以解决扬尘问题了呢？最终他发明出了带有滤芯和灰尘收集器的吸入式真空吸尘器。

从此以后，吸尘器技术得到飞速发展。1912年，瑞典发明家爱尔克·温尔格林（Axel Wenner-Gren）发明了家用真空吸尘器。韩国是从1960年开始生产真空吸尘器的。风靡世界的扫地机器人是瑞典的伊莱克斯（Electrolux）公司在2001年最先开发的。扫地机器人刚刚面世时，由于价格昂贵而且性能不够稳定，并没有得到关注。目前在世界各地有着各式各样的扫地机器人，其性能也在逐渐完善。

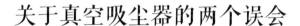

# 关于真空吸尘器的两个误会

真空吸尘器是以什么原理运转的呢？在回答这个问题之前，请让我们先了解一下关于真空吸尘器的两个误会吧。在误会解除的过程中自然而然地就了解了真空吸尘器的工作原理。

第一个误会是"真空吸尘器是将灰尘吸进去"。令人惊讶的事实是，真空吸尘器并不是把灰尘和垃圾吸进去的。第二个误会是"真空吸尘器和真空有关"。真空吸尘器，顾名思义，就是通过形成"真空"来吸尘的，但事实并不是这样。

这两个我们认为理所当然的事，是两个美丽的误会。如果能将这两点误会解除，就可以明白真空吸尘器工作的原理了。

第四章　帮我减轻家务负担——真空吸尘器

# 真空吸尘器并不会将灰尘"吸入"

真空吸尘器的工作原理很简单。可以想象一下，用吸管喝杯中的果汁，这就是真空吸尘器工作的原理。和最初发明真空吸尘器的胡博特·布斯的实验一样，用吸管喝果汁和用手绢捂住嘴吸灰尘是同一种方法。是不是很奇怪？两种方法都像是"吸入"灰尘。

但是，这仅仅是表象，它们和"磁石吸铁"的原理不同。为了弄清这个事情，我们先了解一下空气与压力的关系。存在压差时，空气会从压力高（高气压）的一侧向压力低（低气压）的一侧移动。以用吸管喝果汁为例，我们来对这个现象做个说明。

用吸管喝果汁，并不是我们通常认为的用嘴吸果汁。装有果汁的杯中存在压力，口腔里也存在压力。张着嘴的时候，口腔内外的压力是相同的，但是把吸管放到口中"吸"的瞬间，相较于口腔周围的压力，口腔里的压力会迅速变低。正是由于这种压差，果汁会"涌入"口中。压力高（杯中果汁）的一侧的空气向压力低（口腔里）的一侧移动时，空气产生的压力推动果汁涌入口中。

真空吸尘器也是这样工作的。利用电能降低吸尘器内部的空气压力，吸尘器的外部空气与内部空气会产生压差，这时压力相对较高的吸尘器的外部空气就会涌入到气压较低的吸尘器内部。

通过压差制造出的空气流动，会将尘屑带着一起"涌入"吸尘器内部。大家明白了吗？真空吸尘器不是"吸入"东西的装置，而是使东西"涌入"的装置。

## 真空吸尘器是如何降低压力的呢？

现在又有一个疑问了。真空吸尘器是如何降低压力的呢？胡博特·布斯和我们通过"吸"这个动作把口中的压力降低，让果汁和灰尘涌入到口中，那么，真空吸尘器是如何降低压力使尘屑涌入的呢？为了解开这个谜底，我们需要先了解一下真空吸尘器的构造。

真空吸尘器大致由进气口、马达、滤芯、集尘袋构成。进气口是尘屑进入的通道，滤芯是过滤尘屑的装置。

在这里最重要的就是马达了。马达是通过电能产生旋转力的装置。真空吸尘器的马达上安有电扇，电扇的叶片在马达的带动下以每分钟1万次以上的速度飞速旋转，发出"嗡嗡"的声响，就会降低吸尘器内部的空气压力。由于吸尘器内外的空气存在压差，相对气压较高的外部空气就会向气压较低的吸尘器内部涌入。

这就是真空吸尘器的工作原理。

## 不是"真空"吸尘器而是"低压"吸尘器

让我们来谈谈第二个误会吧。真空吸尘器和"真空"并没有关系，严格来讲，是起错了名字。下面让我来解释一下。

首先需要知道什么是"真空"。真空，是指没有任何粒子完全虚空的状态。在地球上寻找完全真空的状态是不可能的。我们常见的"真空包装""真空干燥"中的"真空"，并不是完全的真空状态，而仅仅是压力显著降低、空气分子数量稀少的状态而已。

人们通常会将灯泡内部和电视显像管的内部称为真空状态，但是严格来讲，这也并非事实。虽然二者内部的压力确实降到了很低，几乎和真空状态没有区别，但也不是完全虚空的状态。由于在现实环境中没办法找到完全的真空，科学家大致将万分之一的大气压力称作"真空"。简单来讲，就是现实中没有真空，只有近似真空的状态。

理所当然，真空吸尘器也无法形成真空状态。真空吸尘器就连常说的真空状态，即万分之一的大气压力都无法实现。那为什么叫它"真空"吸尘器呢？也许是因为它虽然不能实现真空状态，但是真空吸尘器马达上的风扇叶片旋转时产生的低压状态接近真空。

广义上说，形成一定程度的低压，空气中的分子数比周围显著降低，我们也将这种状态称之为"真空"。

这种广义的真空状态很常见。用吸管喝果汁时，口腔中就是一种真空状态。试试口中没有衔着吸管，只是嘴巴做出吸吮的动作，像不像口中什么都没有的真空状态？

如果非要从科学的角度重新给真空吸尘器命名的话，可能"低压吸尘器"这个名字会更加贴切。

因为严格来讲，"真空吸尘器"不是形成真空，而是形成低压将灰尘等杂物清扫干净的装置！

# 不要将小屋的灰尘搬到大屋中

真空吸尘器可以使屋子里变得干干净净，因为它会把家中的灰尘收集起来扔到外面。但是这真的是件好事吗？我们在利用真空吸尘器清扫的同时，也再次制造出了灰尘和有害物质。这不由得会让人想到近年来成为焦点的环境问题——雾霾。

众所周知，对人类健康有害的雾霾其中大部分是由于各种化学物质燃烧形成的。为了使真空吸尘器运转所使用的电能，其生产的过程也不能说和化学物质的燃烧无关。为了让家里变得舒适干净，有时会过度地使用电能、化石燃料等各种能源。

将家中的脏东西移到室外，我们的家会变得舒适干净。但是，那些灰尘和垃圾并不会完全消失。它们会如实地留存在地球上，因此会不可避免地造成新的污染。

地球上不只是"我"一个人的小家，我们每个人都生活在地球这个大家庭中。换个角度看，清扫或许只是将小家中的灰尘搬到了大家——地球当中。利用真空吸尘器把屋子清扫干净固然很好，可是我们也要同时为地球环境的保护做出努力。

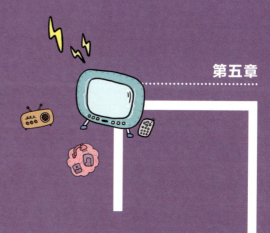

# 为我们添乐解忧的水晶球
## ——电视机

# 将远方尽收眼底的设备

还记得小时候，电影或者漫画中经常出现的一个场景——魔法师用水晶球来探知远方正在发生的事情吗？当时真的觉得好神奇、好惊讶。

其实，我们大家已经都拥有一个或多个水晶球了，那就是电视。通过电视，我们可以将地球上发生的事情尽收眼底。这样看来，电视可真的是个了不起的设备。如果500年前的人看到电视的话，可能会真的以为它是水晶球。

电视（television）正如其名，是即使在"远处（tele）"①也能"看

①　英语单词前缀，意为"远的"。——编者注

到（vision）"①的装置。现在还有很多像台式电脑、平板电脑、智能手机等可以代替电视的东西。从可以将远处的事物通过画面展示出来这一共性来看，这些电子设备都可以被看作是有着另外一个名字的电视。

## 从显像管开始的电视

电视起源于哪里呢？首先我们先看一下电视是如何让人们看到远处的事物的。

因为电信号可以快速传输而且能传输到很远的地方，人们就将摄像机等拍摄的影像转换为电信号，然后将这些电信号传送到电视画面中。从这个角度来讲，电视技术是1843年从苏格兰的电学家亚历山大·贝恩（Alexander Bain）那里开始的。因为是他最初发明了通过电信号传送图像的技术。

贝恩的技术直接推动了传真②机的发明。但是这里存在一个问题——这个技术只能呈现静止的画面，无法像现在的电视这样呈现出动态的影像。解决这个问题的人是德国的发明家保罗·尼普

---

① 英语单词，意为"视觉、幻象"。——编者注
② 将文字、表格、照片等静止画面转换为电信号发送，接收方可以收到与原来的画面相同的记录的通信方式或机械设备。也简称为fax。

科夫（Paul Nipkow）。

1884年，保罗·尼普科夫发明了可以将电信号转换为动态影像呈现的机械装置，并以自己的名字将它命名为"尼普科夫圆盘（Nipkow disk）"。尼普科夫圆盘当时带来了很大的反响，其工作原理却很简单——透过正在做漩涡状旋转的带孔金属圆盘照射景物，景物上或明或暗的图像会形成一个个光点，这些光点由光电管转变成光信号，同步给接收机，最终由接收机将电信号还原显示为被照射景物的图像。

1925年，苏格兰的约翰·罗杰·贝尔德（John Logie Baird）利用尼普科夫圆盘技术成功地研发出世界上第一台机械式电视。这台电视在观看的过程中需要不停地转动圆盘，非常麻烦。物理学家卡尔·费迪南德·布劳恩（Karl Ferdinand Braun）解决了这个问题。多亏他的一个发明，使得不需要圆盘也能呈现动态影像的电子式电视得以诞生。

这个发明就是阴极射线管（Cathode Ray Tube，缩写为CRT），它开启了电子式电视机的时代。在机械式电视向电子式电视发展的过程中，阴极射线管起到了非常大的作用。阴极射线管以布劳恩的名字命名，因此也被称为"布劳恩管"。

1966年，韩国的电子公司"金星社"（LG集团的前身）生产出了韩国的第一台黑白电视机。经过不断发展，大屏幕、色彩丰富的电视最终普及起来。

# 将电信号呈现为影像的电视机

## "用眼睛看到的"和"通过电视画面看到的"

电视机是如何将远处发生的事情呈现在屏幕上的呢？首先要讲述一个让人惊讶的事实——我们的眼睛的成像原理和电视机的成像原理非常相似。眼睛是如何看到物体的呢？比如，我们之所以能看见远处的花，是因为花的光影进入眼中。光通过眼睛里的晶状体形成物像落在视网膜上，并由视网膜的感光细胞将光信号转换为电信号，通过视觉神经传输到大脑。这时我们就会知道，"啊，这是花"。

电视的成像原理与人眼相似。想要将地球另一端的花呈现在电视机中，是不是需要先用摄像机拍下影像？这时的摄像机就起到了人眼的晶状体和视网膜的作用。摄像机镜头（相当于眼睛的晶状体）对着花时，通过光在摄像机的摄像管（相当于眼睛的视网膜）中留下花的影像。然后影像的光信号会被摄像机的摄像管转换为电信号传输到电视机上。电视的接收机则将电信号制作成影像呈现在屏幕中，这样一来，我们就能通过屏幕看到地球另一端的花了。

所以"用眼睛看"和"通过电视画面看"，其原理是相同的。就像映在视网膜上的花的影像转换为电信号传到大脑时可以被识别一样，摄像机拍下花的影像转换为电信号传输到电视机上，就可以让人们在屏幕中看到。所以眼睛和摄像机、电视机的成像原理是相同的。因为眼睛和电视机都可以让人看到远处的事物。

## 电视是如何用电信号生成影像的呢？

人们之所以能够通过电视将远处的事物尽收眼底，是因为电视可以把电信号转换成影像。因此也可以说，电视机是将电信号生成为影像的设备。那么又有一个疑问了，电视是如何用电信号呈现影像的呢？

电视机有显像管电视、液晶电视（LCD）、等离子电视（PDP）、发光二极管电视（LED）、有机发光二极管电视（OLED）等很多种。我们来看一下传统的电视——显像管式电视机。在薄薄的平面电视问世之前，显像管电视机长期被人们所使用。它就是那种后面凸出来的"大屁股"电视。

显像管电视机由屏幕（玻璃）、荧光屏、电子枪构成。我们能看到电视的玻璃屏幕，因为荧光屏和电子枪在电视机的内部。如果将电视机拆开，就可以看到坚硬的玻璃屏幕后面有红、绿、蓝三种荧光屏，荧光屏的后面则是电子枪。

让我们设想一下，摄像机拍下了绿色枝干、红色花瓣的玫瑰漂浮在蓝色大海上的影像。这个影像转换为电信号输送给电视机时，电子

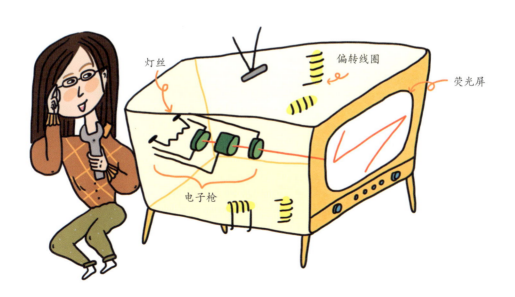

灯丝

偏转线圈

荧光屏

电子枪

枪将发射很多的电子。这个电子会模拟影像信号打在三种颜色的荧光体上：大海的部分打在蓝色荧光体上，枝干部分打在绿色荧光体上，花瓣部分则是打在红色荧光体上。

电子打在荧光体上会发出光，最终呈现出蓝色、绿色、红色的光。

你是不是会觉得有点奇怪？除了蓝色、绿色、红色之外，电视画面不是还有很多种颜色吗？令人惊讶的是，这三种颜色组合，就可以做出所有的颜色。电子会恰到好处地打在这三种颜色的荧光体上，让我们的眼睛看到丰富的色彩。这和将蓝色、黄色、红色颜料以适当比例混合获得各种颜色是一样的原理。所以，彩色电视机的荧光体是蓝色、绿色、红色三种颜色。

## 电视屏幕是点的集合

眼睛可以看到"电子枪"发射的电子打在"荧光体"上发出的光，但是那只是蓝色、绿色、红色的光而已，并不能让人看到漂浮在蓝色大海中的玫瑰。接下来我们就需要讲讲电视机"屏幕"的秘密。

如果将电视画面暂停，是不是看到的就是一张图片？这些图片连续播放时会使人产生视觉暂留现象，从而让我们认为这是动态的影像。电影和动画实际也是利用这种视觉暂留现象播放影像的。

但是电视机和它们不一样。如果你近距离看电视机屏幕的话，可以看到微小的点。电视机屏幕是许许多多的点的集合。

点汇聚在一起，就呈现出一张图片的效果。现在，我们可以知道电视机屏幕是如何将"漂浮在大海上的玫瑰"呈现出来的了。电子打在荧光屏上是不是会发出蓝色、绿色、红色的光？这个光会进入到电视机屏幕一个个的点中。

呈现大海的点是蓝色的光，呈现枝干的点是绿色的光，呈现花瓣的点是红色的光。许许多多呈现各自颜色的光点聚集在一起，就可以看到"漂浮在大海上的玫瑰"了。如果你觉得这样说还是不好理解的话，就把这个画面想象成在写生簿上用蓝色、绿色、红色的彩笔点上无数个点来画画就好了。


## 影像是点和线制造出的艺术

但还是会有人问，一张张图片，或者说一幅幅画面，并不是影像呀。我们在电视上看到的不是静止的"漂浮在大海上的玫瑰"，而是"在海上飘荡着的玫瑰"的影像。在回答这个问题前，我们需要关注的一个事实是，"点"聚在一起形成"线"。

假设我们看到的电视屏幕是由横向1000个、纵向750个点组成的。

电视机的电子枪会从横向第一个点到第1000个点依次发射。它们还会以相同的方式纵向依次发射。这时，每个点都会发光，最终点连成的纵横交加的线也会发光。

点连成线，线聚成面。那么如果这个过程持续反复会怎么样呢？电子枪会不断地沿着纵向、横向的线发射电子。

这样一来，由点连成的线的颜色会不断变化。我们的眼睛会产生上文中所说的视觉暂留现象，看到的不是一个个连续变化发光的点，

而是动态的画面。也就是说，点和线的颜色变化使我们看到"在大海上漂荡着的玫瑰"的影像。

我们偶尔也会看到电视机屏幕上出现了一条线。这是电视机出现了故障，导致那条线无法呈现本该呈现的颜色。

现在这种"大屁股"的显像管电视已经不再有人用了。人们广泛使用的是液晶电视、等离子电视、发光二极管电视、有机发光二极管电视等新型电视。它们是按照屏幕的材质、荧光屏发光的方式等标准

进行分类的。如果屏幕的材质是液晶，那就是液晶电视；两张面板中间充入气体的是等离子电视；以发光二极管作为背光源的则是发光二极管电视。尽管品类多种多样，但是"将电信号转换为影像信号"这一最本质的工作原理，所有的电视机都是一样的。

## 真正享受电视机的好方法是什么呢？

电视机曾经也被称作"傻瓜盒子"。不好好学习只看电视的话，人会成为傻瓜，说的大概是这个意思。

但是这句话是不对的，没有人因为常看电视而变傻。电视可以把大家聚在一起——和朋友一起看动画片，和家人一起看电视剧。大家还会聊一些与电视节目相关的话题，在促膝交谈中开阔视野、增长见识、感受友情和亲情。电视成了联系朋友和家人的纽带。

但是，现在的情形怎么样呢？是不是和朋友、家人一起看电视成了一件很少有的事情了呢？如今，大家大多是在抱着智能手机、笔记本电脑、平板电脑等电子设备收看自己的"电视"。就算和朋友、家人在一起，也都沉迷于各自的"电视机"中。大家感兴趣的节目不同，而且节目的种类很多，因此没办法像以前那样，全家人一起享受温情了。

这也带来了一个问题——我们将大量的时间花费在和电子产品打交道上，偶尔会因与他人沟通困难或者无法交流彼此的情感而陷入孤独的境地。人们为了娱乐而发明的"电视机"反而会让人变得孤单。

技术带给我们的不仅仅是便利。以不同的方式利用技术，就会产生不同的结果。

电视机带给人们的快乐，或许并不是观看本身。和亲朋好友一起观看电视节目，热热闹闹地聊着各种话题，这才是电视给我们带来的真正乐趣。

　　　　　　第五章　为我们添乐解忧的水晶球——电视机

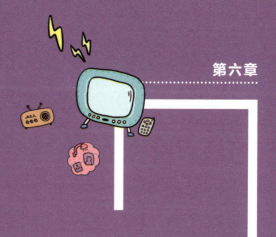

# 江边洗衣的回忆
## ——洗衣机

# 减轻繁重的家务劳动

每到周末，我们家都会洗一次衣服，洗衣机里面装满了一家人一周的脏衣服。但是这个周末，当我按下洗衣机的电源开关时，它却没有任何反应，原来是出了故障。因为这台洗衣机已经使用不少年头了，出了故障也不足为怪。可是周日维修服务中心休息，因此只能手洗一部分要急着穿的衣服了。

坐在浴室里，用手洗衣服可不是一件容易的事情。用手搓了衣服上的污渍，然后将衣服放在水里冲洗干净，最后挤干留在衣服上的水分。如此几件衣服下来，弄得我在大冬天里也都汗流满面。想想没有洗衣机的时代人们洗衣服的艰辛，心中不由得感谢我们正在使用的洗

                          第六章　江边洗衣的回忆——洗衣机

衣机。

自从家里用上了洗衣机，家务活就一下子少了很多。通上电源，放点洗衣液，按下启动按钮，一个小时后，衣服就变得干干净净了。洗衣机洗衣的同时，你可以收拾别的家务，也可以休息。洗衣机真是给我们带来了很多便利。

## 洗衣机的历史

如果们对洗衣历史有了解的话，就可以推断最初的洗衣机是什么了。最初人们常用的洗衣方法有两种：一种是在江边把浸泡过的衣服放在岩石上敲打或用手挤压、搓洗，另一种是把装有衣服的袋子放在急流里来回推拉。因此，最初的"洗衣机"其实是岩石或者袋子。

后来，洗衣的方式也越来越丰富，淘米水和肥皂充当了洗衣剂，木棒和洗衣板成为洗衣的主要辅助工具。但是用手来提水和搓衣服，挥动棒子敲打衣物等这些耗费体力的洗衣方式还是沿用到了20世纪。

现代意义上的洗衣机最早诞生于1782年，是由英国人亨利发明的。它是用旋转木桶洗衣的装置，与用洗衣板和木棒洗衣的方式并没有太大的区别。旋转装置必须由人亲自操作，因此用它来洗衣还是非常辛苦。

1851年，一位叫詹姆斯·金的人发明了旋转的洗衣筒。1858年，汉密尔顿·史密斯发明了反转式洗衣筒。但是，那个时代的人还不敢在家中使用洗衣机。家电是"家庭使用的电器"，因此，那时的洗衣机还不能算是家电。洗衣机不能在家庭中普及，是因为它是用水的机器，一不小心就会漏电伤人。

　　至于谁是第一个发明了洗衣机的人，对此还没有确切的结论。最广为人知的是阿尔瓦·费雪（Alva J.Fisher）的电动洗衣机。1908年，在美国的一家叫"赫尔利（Hurley）"公司工作的阿尔瓦·费雪发明了不是用人，而是用电来工作的洗衣机。这台洗衣机解决了以往洗衣机漏电的问题，能够让人放心使用。不仅如此，它使得洗衣机的

所有功能都可以在一个筒内完成，这一点和我们现在使用的洗衣机十分相似。

但那个时候，洗衣机和脱水机还是分离的，商家也是把它们俩分开销售。直至1940年，洗衣机和脱水机正式合二为一，于是全自动洗衣机诞生了。1969年，韩国电子公司"金星社"造出了韩国第一台洗衣机，它的名字叫"白鹅"。

# 利用了水流和落差的洗衣机

那么洗衣机的工作原理是怎样的呢？如果我们想要明白原理，首先需要了解洗衣机的构造。

## 手工洗衣和洗衣机的工作原理是一样的

洗衣机主要由发动机、机械部、控程器、进排水装置等部分组成。如果把洗衣机比喻为人工洗衣的话，"发动机"相当于人的胳膊。因为人手洗衣是胳膊在发力，而发动机正是给洗衣机提供工作的能量。"机械部"相当于人的手，因为人是用手搓和揉来洗衣物的。发动机所提供的能量会传达到控程器，进而达到洗衣的效果。

"控程器"相当于人的大脑。我们在洗衣服的时候，脑子里会想，应该放多少洗衣液，搓和揉的时间有多长，控程器就是通过执行洗衣机的各种程序来实现这样的功能。"进排水装置"负责洗衣机的进水和排水，这和人为了洗衣服而放水和倒水是一样的道理。

依据洗衣方式的不同，现代洗衣机可分为波轮式洗衣机、搅拌式洗衣机和滚筒式洗衣机。严格来说，它们的区别只是体现为机械部的不同，而其他的发动机、控程器、排水装置几乎都是一样的。

波轮式洗衣机是利用洗衣机底部圆盘波轮转动产生的旋转水流来洗衣服。搅拌式洗衣机是利用处于洗衣筒中间的搅动器转动产生水流来洗衣服。滚筒式洗衣机则是利用滚筒回转时衣服从筒顶掉落拍打水面来洗衣服。下面，让我们来看看最常用的波轮式洗衣机和滚筒式洗衣机是怎么工作的吧。


## 波轮式洗衣机

数千年来，人类传统的洗衣方式主要有两种，那就是敲打浸湿的衣服和在水里摆动装有衣服的袋子。

我们可以用这两种洗衣方式来说明波轮式洗衣机和滚筒式洗衣机的工作原理。波轮式洗衣机的工作原理和把装有衣物的袋子放进水里摇晃洗衣的原理是类似的。

为什么把装有衣物的袋子放进水里摇晃能达到洗衣效果呢？这是因为可以利用水流来除去衣物上的污渍。比起在江边洗衣，这样的洗衣方式在海边更为流行，因为海流比河流更加猛烈。我们一般称波轮式洗衣机为"旋转筒"，但这句话不完全正确，因为波轮式洗衣机不仅是筒体在旋转，筒底也是旋转的。

洗衣筒的底部有圆盘波轮，一分钟转动300～400圈。波轮旋转产生离心力，形成强烈的水流，衣物上的污渍受水流的摩擦而被清除。以前是把装有衣物的袋子放进水里拉扯制造出水流，如今洗衣机的波轮转动就可以带来水流。洗衣筒的旋转方向和筒底旋桨转动的方向是相反的，这样可以形成更加强烈的水流。

如上述内容，波轮式洗衣机就是利用水流的摩擦来洗衣物的，所以洗衣效果还是非常好的。它能洗大容量的衣物，且所花的时间较少，这些都是其优点。但因为它是依靠水流来洗衣物的，所以需要使用大量的水，强烈的水流还易磨损衣物。

# 能看到衣物的滚筒式洗衣机

滚筒式洗衣机的工作原理与在岩石上摔打衣物或用木棒捶打衣物的原理相同。为什么衣服需要经过摔打才可以洗干净呢？这是因为击打的力量可以去除衣服上的污渍。这就是滚筒式洗衣机的工作方式。

波轮式洗衣机和滚筒式洗衣机在外观上的区别在于是顶盖式开门还是前侧式开门。波轮式洗衣机的衣物投放口位于机体的上面，而滚筒式洗衣机的衣物投放口位于机体的正前面。简而言之，波轮式洗衣机的洗衣桶需要竖直着放，而滚筒式洗衣机的洗衣桶一般是平着放的。

而这种内桶"躺"着放的方式，正是滚筒式洗衣机的秘密所在。

平躺的洗衣桶开始旋转时，位于桶底的衣物由于离心力的作用跟随内桶做圆周运动。衣物到达桶顶时，会由于重力作用发生掉落，拍打桶内的水面。当掉落的衣物再次被带到桶顶时，会再次掉落。衣物会在这如此往复的运动中受到水的拍打。这种反复的拍打最终使衣物上的污渍脱落。过去的人们直接在岩石上敲打衣物的动作，现在由电力驱动的滚筒通过不停滚动替代完成了。

由于滚筒式洗衣机是通过衣物跌落时发生的"敲打"来实现洗涤

的，因此耗水量很少，对衣物的损坏也很小。此外，洗衣机还可以给水加温，以实现更好的洗涤效果。但是，与波轮式洗衣机相比，滚筒式洗衣机需要较长的洗涤时间，因此会消耗大量电能。

## 蒸汽洗衣机和无洗涤剂洗衣机

无论是通过水流的摩擦实现洗涤的波轮式洗衣机，还是通过重力作用拍打衣物实现洗涤的滚筒式洗衣机，都会污染环境。因为它们在洗衣的过程中都需要消耗大量的电能，使用大量的水，以及大量的化学洗涤剂。

有两种洗衣机似乎可以有效避免这一问题。它们就是蒸汽洗衣机和无洗涤剂的洗衣机。

蒸汽洗衣机通过喷头，像喷雾一样喷射洗涤剂水和98℃的热蒸汽，实现对衣物的洗涤。它先用洗涤剂水喷淋衣物，然后喷射蒸汽清洗衣物。这种洗衣方式不仅洗净率高，而且还节水节电。但是，由于蒸汽清洗机还是会使用少量的洗涤剂，因此无法完全避免对环境的污染。

为此，人们又研制出了不需要使用洗涤剂的洗衣机。无洗涤剂洗衣机只使用水，不使用其他任何洗涤剂。通过电能，水可以分解成水离子（这个过程被称为"电解"），这些离子可以分解衣物上的污渍。采用这种工作原理的洗衣机就是无洗涤剂的洗衣机。

　　无洗涤剂的洗衣机内部安有一个特殊的电解装置，用来电解出离子水。用离子水去除污垢，对人体无害，漂洗衣物的次数更少，也更省水。尽管这种洗衣机在市场上还不多见，但是依然希望有更多的人使用它们，以更好地保护我们的环境。

## 第七章

# 不一般的凉爽
## ——空调

# 法拉第的氨水压缩技术

在夏天的雨季，无论怎么扇扇子，或者把电风扇开到最大，也丝毫无法让炎热有所减退。即使用凉水冲澡，也只是一时的痛快。坐在书桌前学习，不到一会儿就变得汗流浃背，贴着凳子的屁股也变得黏糊糊的。当我正因为这又热又潮湿的天气闷闷不乐的时候，电话铃响了。

"来我家玩吧！"

这是住在我家附近的一个朋友。我心想，太好了，便飞奔到了朋友家。

朋友打开家门的那一刻，我惊呆了。一股清新凉爽的空气扑面而来，炎热潮湿带来的不快瞬间消失了，挂着汗水的皮肤也变得干爽起来，就像来到了另一个世界。原来，在他家客厅的一角，摆放着一台白色的空调。

即使过去了这么多年，漫长的夏日里我也会常常想起朋友家那台白色空调带给我的凉爽感觉。第一印象就是这么强烈啊！

## 为了让患者退烧而制造的制冰机

空调的历史比我们想象中的要长很多。在古罗马时期，与空调功能相似的设施就已经存在了。炎热的夏天，罗马人为了使家中变得凉快，就在院墙后面挖了水道，让凉水从中流过。这和夏天在院子里洒水使空气变得凉爽是相同的原理。

2世纪左右，中国出现了巨大的手摇风扇。它与我们现在看到的电风扇是不一样的。这台巨大的风扇装在池塘边上，仅一片扇叶的长度就有3米，能够把凉爽的风吹进家里。用现代眼光来看，可以说它是一台超大型的冷风机。

这些设备都是很早以前存在的，与现在人们使用的空调设备相比，其工作原理和功能都有很大的区别。与现代空调相似的设备是在19世纪出现的。英国科学家迈克尔·法拉第（Michael Faraday）对现代空调技术的发展做出了很大的贡献。法拉第发现了压缩液化氨气可以冷却空气这一事实。虽然氨气有毒，不能直接在空调上使用，但是法拉第的这一发现为现代制冷技术奠定了理论基础。

1842年，为了使身患疟疾的病人退烧，作为医生的约翰·高里（John Gorrie）研发了压缩空气进行制冷的空气压缩制冷机。有毒的氨气被无毒的空气所替代，安全问题得到了解决，冷却技术的时代从此开始。第一个运用制冷技术研发出现代空调的人是威利斯·开利（Willis Carrier）。

19世纪90年代初，应某印刷厂的请求，开利为其解决受温度和湿度影响，油墨长期无法干燥和纸张变形的问题。当时的开利已经能准确计算出一定空间的气温升高所需的热量，并已成功研发了暖气机。

开利发现，将暖气机为空气加温的技术反向使用，即将暖气机盘管中的热水换成凉水，就可以冷却空气，降低气温的同时还能够降低空气的湿度，从而解决印刷厂存在的问题。1906年，开利研制出了"空气调节装置"，并取得专利。这就是现代空调的雏形。

自此之后，空调在办公室、酒店、医院等场所被广泛使用。随着时间的流逝，它也渐渐进入百姓家庭。或许有读者知道，现在的空调制造商中有个叫"开利"的公司，这家公司的创始人就是威利斯·开利。

# 汽化热的秘密——空调

## 空调不仅是使室内空气变凉的装置

我们先来了解一下"空调"这个单词吧。只听到"空调"这个词，是不是就会心生一种凉爽的感觉呢？这是因为人们普遍认为，空调就是让屋子里变得凉快的设备，所以才会有这种感觉。但是这种想法是不全面的。空调的英文是"air conditioner"，中文的意思是"空气调节装置"。因此，空调不是"使空气变凉的装置"，而是"调节空气状态的设备"。

简单来说，即使在冬天也是可以使用空调的。就像外面很热的时候，需要使用空调让室内变得凉爽；当室外空气很冷的时候，也可以用空调让室内暖和起来。空调是无论外部气温如何，都能将空气的状态，即空气的湿度和温度，维持在适宜区间的设备。


## 空调抽出热气

通常人们会认为，空调一开就会吹出凉风，事实上好像也是这样。因为站在空调前面的时候，可以感觉到有凉爽的风吹出来。但事实并不是这样。空调的基本工作原理不是吹出凉气，而是排出热气。

举一个例子。假如说在屋里和屋外各有一个水桶，水桶里各有半桶水。将屋里的水舀出来倒到屋外的水桶里的话，会怎么样呢？当然是屋里水桶的水变少了，而屋外水桶的水变多了。现在，让我们想象一下，我们如何把屋里的热气像舀水一样地把它"舀"到屋外，以使屋里的气温降下来。

空调就是将屋里的热气"舀"到屋外的装置。夏天的时候，若不开空调，家里和外面的温度基本上都是在30℃左右。这时候若打开空调，将家里的热气带到外面，家中就会变得凉爽怡人。这就是空调的工作原理。因此，工程学上将空调也称为"热泵（heat pump）"。它就像水泵抽水一样，将屋内的热空气抽到屋外。

## 空调如何抽出热空气呢？

　　水可以用泵抽或者用瓢舀出去，但是看不见又摸不到的热空气怎么能抽出去呢？为了弄懂这个问题，我们需要事先了解一点化学知识，即"汽化热"。"汽化"是指液体变成了气体。

　　需要重点说明的是，液体"汽化"的时候会吸收周围的热量。"汽化热"就是指液体变成气体的时候所吸收的热量。当我们试着将含有酒精的消毒药或化妆品抹在胳膊上的时候，就能理解什么是"汽化热"了。将酒精（液体）抹在胳膊上的时候，你是不是感觉很凉快？这就是液态的酒精蒸发（即汽化）为气体的时候，吸收了周围的热而

呼呼呼

滴答滴答

导致的。因此，汽化热也被称为"蒸发热"，因为"汽化"就是"蒸发"的意思。

空调就是利用汽化热将室内的热空气排到室外的设备。也就是说，空调制冷系统中的液态制冷剂在汽化的过程中，吸收周围的热量，从而使室内变得凉快。这不仅仅像是在胳膊上抹酒精，而像是在室内洒遍了酒精。那么，空调是如何具体实现制冷的呢？

空调里装着一种像酒精一样的物质，那就是制冷剂。空调里安装有压缩机，它利用电力将气态的制冷剂压缩为液体，即使气态制冷剂液化。

空调的秘密就在这里。空调里有称为"蒸发器"的装置，制冷剂通过蒸发器重新由液体变为气体，即所谓的"蒸发"。制冷剂从液态蒸发为气态需要吸收周围的热量。空调里吹出的凉风，就是制冷剂在蒸发过程中吸收了周围空气中的热，凉下来的空气被空调里的风扇吹出形成的。这就如同将含有酒精的护肤水抹在胳膊上并用嘴吹，马上会感觉一阵凉意袭来一样。

空调的工作过程就是"气体（制冷剂）→液体→气体（制冷剂）"的循环过程。制冷剂在压缩机里通过电力完成"气体→液体"的过程，在蒸发器内完成"液体→气体"并吸收室内空气中热量的过程。那吸收的热量最终到哪里去了呢？它们通过空调的"室外机"被排到了室外。这就是空调的室外机旁边总是热风阵阵的原因。

## 城市比农村更热的原因

虽然空调带给我们不一样的凉爽，但实际上空调是非常耗电的电器。由于制冷剂在常温的时候一般都以气体的形式存在，若想其成为液体就需要电能。第一代空调所需的电量，相当于30台风扇转动时所使用的电量，由此可见空调耗电量之大。其他的家电也是一样。耗电量大的电器必然会对环境产生不好的影响。

还有一个问题就是，空调让室内变凉快的同时，也让室外变得更热。也就是说，空调之所以被人们称为"热泵"，是因为它把室内空气的热量"抽"到了室外。城市的夏天比农村的夏天更热，是因为城市会更多地使用空调，空调开得越多，室外就会变得越热。如果人们都想在地球这个大家园中舒适地生活，就需要增强环境保护的意识，采取切实有效的行动，少开空调，降低能源消耗。

# 不用担心衣服被淋湿
## ——干衣机

# 晾校服的回忆

记得有一次，放了学准备回家的时候下起了小雨。因为没有带雨伞，一时不知所措。这时候朋友说："雨下得也不大，我们跑着回去吧。反正你家也不远。"于是，我们就将书包抱在胸前开始跑了起来。但是天公不作美，不久就打起了雷，雨也下得更大了，结果到家的时候我的校服已经完全湿透了。

那个时候，我只有一套校服。第二天还要穿着它去学校，我开始担心如何在潮湿的雨季快速晾干淋湿的校服。晚上，我把校服挂在衣架上，放在通风良好的窗户旁边。但是第二天早上起来，还是感觉到校服湿乎乎的。上学的时间快要到了，校服还没有干，我只好用吹风

第八章　不用担心衣服被淋湿——干衣机

机匆匆吹了一下，穿着没有干透的校服去上学了。每每想起这件事，那种全身潮乎乎的感觉就扑了过来。

如果这件事发生在今天，用干衣机就可以解决。把湿的衣服放进干衣机里，过一两个小时就可以穿上干爽的衣服了。这样便利的干衣机，它的历史是怎样开始的呢？

## 干衣机的历史

人类从开始学会穿衣开始，就需要清洗、干燥衣服。干燥衣服的方式有两种，即消极除湿的方式和积极干燥的方式。

简单来说，消极除湿就是把衣服中的水分挤出去，即用拍或者是挤的方法将刚洗过的衣服弄干。为了晾干衣服，原始时代的人们使用了很多工具，例如用石头拍、用木棍挤，等等。这些措施实现的是与现代的脱水机或洗衣机脱水相类似的功能。

与之相反，积极干燥指的是用温暖的阳光和风来晾晒衣服。虽然用拍或者是挤的方法也能起到一定的除湿作用，但是这样的方法不能完全除去衣物中的水分。为了将衣服弄干直至穿在身上，还需要效率更高的处理方法。比如，用晾衣绳将衣服悬挂起来，用晾衣架将衣服摊放开来，都有利于衣服水分的蒸发，这些措施实现的是与现代烘干

机相类似的功能。

但是从严格意义上说，过去的人们弄干衣服，使用的工具没有复杂的构造，采用的方法也都是直接利用自然能（包括人力、风能、太阳能），不存在能量之间的转化，因此，无论是石头、木棍还是晾衣绳，都不能被称为干衣机。

19世纪后期，西方使用"卷轴压榨脱水机"将湿衣服弄干。它的具体构造，我们会在下文中说明。这种脱水机使用起来既不方便，效率也低，因此没有得到广泛使用。有实际意义的最早的干衣机是和洗衣机一起发明的旋转式脱水机，它是20世纪40年代才出现的。

脱水机的除湿方式属于消极除湿。虽然它是使用电力的机械装置，但人们依然需要将脱过水的衣服进行晾晒。但是不管怎样，脱水机的力量要比用手挤拧衣物的力量强劲，至少脱过水的衣物不会滴落水滴，因此更容易晾干。

20世纪中叶以后，美国、加拿大以及西欧各国迎来了用热风烘干衣服的时代。热风烘干衣服属于对衣服的积极干燥。在韩国，脱水机很早就在家庭中使用了，但是作为后起之秀的烘干机刚一问世时，还主要是在干洗店或者是其他营业场所使用，极少有家庭使用。2000年以后，烘干机开始进入家庭，但因其耗电量大，使用的家庭也不多。近些年来，随着节电低耗的烘干机相继问世，越来越多的家庭开始使用它。

# 脱水机和烘干机

## "挤顺"脱水的方法

先来看一下采用消极除湿方式的干衣机的工作原理。这种采用消极除湿方式的干衣机就是脱水机。脱水机主要分为两种——卷轴压榨脱水机和旋转式脱水机。

卷轴压榨脱水机让湿漉漉的衣物从两个橡胶卷轴之间穿过，旋转卷轴将水挤出。我们回忆一下，将厚厚的面坨放进卷轴，最后轧出薄薄面片的场景，就可以理解卷轴压榨脱水机是如何工作的了。如果手拧可以挤出衣物30%～40%的水分的话，那么卷轴压榨脱水机可以脱去衣物40%~50%的水分。这种机器用起来比手挤衣物方便，但是脱水效果也不能说有多好。而且，卷轴挤压的过程中，衣物容易起皱变形，衣服的扣子也容易掉落或被压碎。

被广为使用的脱水机是旋转式脱水机。韩国在20世纪80年代初期生产的"挤顺"脱水机就是旋转式脱水机。这种机器是利用离心力脱水的。离心力是物体在做圆周运动时想要跳脱出去的力量。把球挂在绳上转动的时候会感觉到累，这就是存在离心力的缘故。

旋转式脱水机的里面有个打孔的金属桶。这个金属桶会在发动机的带动下每分钟旋转400~1400次，这样就产生了强大的离心力，从而将桶内湿衣服里的水分通过金属桶上的孔甩出来。

旋转式脱水机的脱水效果更好些。如果说卷轴压榨式脱水机可以除去湿衣物里40%~50%的水分的话，那旋转式脱水机则可以除去60%~80%的水分。而且，旋转式脱水机不容易使衣物产生褶子，对衣物纤维的损伤也小。由于具备这些优点，"挤顺"脱水机在韩国刚一面世，就成了人们的抢手产品。现在洗衣机的脱水功能，也大多是通过旋转式脱水方式实现的。

# 跟吹风机一样的热风式烘干机

严格来说，不管是压榨式还是旋转式干衣机，采用的都是消极除湿的方式，因此只能被称为脱水机，它们不能烘干衣物。

晾干衣服的目的就是让洗过的衣服尽快变得干爽，而仅通过消极除湿的方式是做不到让衣服干爽的。没有完全干透的衣服和袜子是不能穿的。烘干机可以让衣桶里的衣服拿出来就可以穿在身上。那么它是如何将湿衣服变干的呢？

脱水机是使用机械力（压榨和旋转）除去水分，烘干机则是用热能除去水分。根据动力来源的不同，烘干机可以分为气压式烘干机和电力式烘干机。现在普遍使用的烘干机是电力式烘干机。

电力式烘干机大体也可以分为两种，那就是热风式烘干机和热泵式烘干机。热风式烘干机里有电热丝组成的加热装置，通电后就会发出热量，加热空气形成热风，热风被风扇吹到烘干机的衣桶里，将湿衣服吹干。

我们可以把热风式烘干机想象成将湿袜子吹干的吹风机，这样可以更直观地理解烘干机的工作原理。由于热风式烘干机将电能直接转化成热能最终烘干衣物，它也被称为"直接热风式烘干机"。

　　　　　　　第八章　不用担心衣服被淋湿——干衣机

# 跟空调一样的热泵式烘干机

热泵式烘干是近年来最流行的衣物烘干方式。那么，热泵式烘干机采用的是什么工作原理呢？它采用的是低温去除衣服湿气的方式。那它是怎么做到这一点的呢？

如果说热风式烘干机跟吹风机相似的话，那么热泵式烘干机就和空调差不多。不知道你有没有过这样的经历：在雨季的时候，屋里放着刚洗的衣物，主人开着空调睡着了，结果第二天发现衣服都干了，并且非常干爽。怎么会这样呢？因为空调虽然是降温的装置，但它也可以除湿。

空气中的水分被称为水蒸气。一个重要的事实是，随着温度的变化，空气中含有的水蒸气的量也会随之变化。温度下降，空气中过于饱和的水蒸气就会变成水滴，即物理学上的"凝结"现象。冬天里，装热水的杯子冒出的热气就是水蒸气的凝结现象。

空调房里的湿衣服干得快也是由于水蒸气发生了凝结现象。空调将屋里的温度降低，屋里的湿气（水蒸气）变成了水，水通过空调的管道流到了室外。通过这样的方法，屋里的湿气就去除了很多。

热泵式烘干机烘干衣服的工作原理和空调除湿的工作原理相类似。烘干机的内筒就像装了空调的屋子一样。让我们具体看看它是怎么工作的吧。

热泵式烘干机可以通过制冷剂来加热和冷凝空气。烘干机里面如果有湿衣服的话，制冷剂会压缩释放热量，将衣物里的水分蒸发成水蒸气。之后再给制冷剂降压，瞬间制冷剂吸收热量将温度降低，将水蒸气变成凝结的水滴。这样凝结的水滴会被收集并排放出来，最终实现烘干衣服的效果。

热泵烘干机也被称为"低温除湿烘干机"，现在知道这是为什么了吧。与热风式烘干机利用电热丝产生的高温烘干不同，热泵式烘干机利用低温，将湿衣服里的湿气变成水蒸气。热泵式烘干机的烘干温度一般在50度左右，这样干燥衣物所消耗的电量就比较少，对衣物的损伤也小。


## 给人们带来便利的产品对环境造成的破坏

近几年来，烘干机有着很高的人气。它不仅能除去衣物上的灰尘和绒毛，还减少了晾晒衣服带来的辛苦。但是，无论是脱水机，还是烘干机都必须消耗电能。特别是烘干机，消耗的电能更多。这也意味着它们会对环境造成很大的破坏。

其实我们一直拥有所有人都可以使用的天然烘干机，那就是凉爽的风和温暖的阳光。在西方，烘干机率先流行起来也是有原因的。像欧洲的一些国家，由于阴沉沉的天空和变化无常的天气经常出现，使得衣物在自然状态下不容易晾干。

但是美国和加拿大会有一些不同。这些国家存在着晾晒衣物不雅观的偏见。美国很多地方的法律明文规定禁止在室外晾晒衣物。这一点很奇怪吧？为什么会反对在室外晾晒衣物呢？在一些城市，晾晒在窗外的各色各样的衣物还形成了一道美丽的风景呢。

当我看到晾晒衣物的场景，经常会被那些为生活打拼的人们感动。也许看到晾晒在外面的衣物，会让人感到不舒服，但是比起这种小小的不舒服，因过度使用能源造成的环境破坏更让人担心和讨厌。

因此，合理地有节制地使用烘干机才是一种富有智慧的生活方式吧。说到这里，我今天晚上就想盖上一床洗得干干净净，散发着阳光和风的味道的干爽被子了。

好干净，好舒服

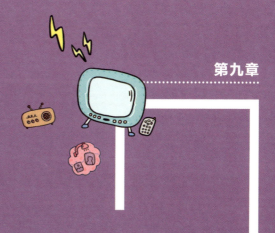

## 第九章

雾霾时代的伙伴
——空气净化器

# 从曼哈顿项目开始的空气净化器

我有一位朋友对花粉过敏，一到春天就喷嚏不断。那位朋友唯一不打喷嚏的地方就是他自己的房间。这是为什么呢？春天花粉会四处飞走，朋友的房间也不是完全与外界隔绝的地方。秘密就是朋友的房间里有一个四方形的机器——空气净化器。

空气净化器是将含有污染物的空气净化成干净空气的装置。空气净化器不仅可以将花粉除去，还可以将灰尘、宠物身上掉落的毛、霉菌、烟灰等对人体有害的物质除去。近年来严重的雾霾问题也可以通过空气净化器得到大部分的解决。

# 空气净化器的历史

空气净化器是近些年才发明出来的。在空气清新的时代是不需要空气净化器的。人们对净化空气开始产生兴趣是在18世纪末。1799年，德国人亚历山大·冯·洪堡（Alexander von Humboldt）发明了隔离有害气体的口罩，它可以说是空气净化器的雏形。那个时候采矿业发达，口罩就是为当时的矿工制作的。

1823年，约翰和查尔斯迪恩兄弟（brothers John and Charles Deane）为了让在烟灰弥漫的环境中工作的消防员呼吸到无害的空气而发明了防毒面罩。19世纪60年代，约翰·斯坦霍斯（John Stenhouse）利用木炭发明了可以净化空气的呼吸机。这些都可以称为最早的空气净化器。

19世纪发明的这些空气净化器，虽然可以净化空气，但与我们现在使用的空气净化器截然不同。它们不是用来净化房间里的空气，只是一种像面罩一样的呼吸装置。

空气净化器是为了解决工业发展带来的日益加剧的空气污染问题而问世的，而它的正式登场是从曼哈顿计划开始的。

曼哈顿计划是指第二次世界大战期间由美国主导的原子弹研发计划。这个计划产生了巨大的环境问题。在原子弹研发的过程中，被称

为"死亡之灾"的对人体非常有害的放射性物质释放了出来，因此需要对实施曼哈顿计划的工作区域进行严格的空气净化。为了净化空气，高效空气过滤器（即HEPA，High Efficiency Particulate Air Filter的缩写）诞生了。

简单来说，将几页皱了的纤维纸重叠放置就可以制成这样的过滤器，空气通过过滤器就可以被净化。这种过滤器直到现在还普遍被使用。

1963年，德国的克劳斯和曼弗雷德·哈姆斯（Klous & Manfred Hammes）兄弟成功地设计出一套简便的空气过滤系统，这样在家里也可以用上小巧的空气净化器了。

韩国是在20世纪90年代后期才开始使用空气净化器的。现在除了过滤式空气净化器，还有电离式空气净化器。

# 过滤式空气净化器
# 和电离式空气净化器

## 过滤式空气净化器

依据工作原理的不同，现在使用的空气净化器可以分为过滤式空气净化器和电离式空气净化器。过滤式空气净化器是人们使用最多的空气净化器。前文说到的高效空气过滤器就属于过滤式空气净化器的一种。

过滤式空气净化器是用细密的无纺布过滤网"过滤"和"吸附"污染物，从而让空气变得干净清新的设备。过滤是利用不同物质颗粒大小的差异，将固体颗粒从气体或液体中分离出来。吸附可以看作是"紧贴"，气体或是液体分子紧贴在滤网的表面。下面我们做一下具体的说明。

过滤式空气净化器跟电风扇和空调一样，首先通过扇叶旋转将外部的空气吸进来，然后让空气经过滤网过滤后被排放出去。就像过滤纸过滤脏水一样，在这个过程中，过滤网会把经过它的脏空气里的污染物过滤出来，将污染物颗粒吸附在过滤网的表面，从而使排出的空气变得干净和清新。

高效空气过滤器是过滤式空气净化器的典型代表。它可以将直径0.3微米，也就是一根头发厚度（一般为60微米）1/200的微细灰尘滤掉，可以除去空气中99.97%的灰尘颗粒及各种悬浮物。高效空气过滤

噜噜啦啦～进来～进来～

器虽然早先是为了除去放射性粉尘而研发的，但它也可以除去螨虫、霉菌甚至是病毒。现在的空气净化器，还有汽车空调和吸尘器，大部分安装有高效能的空气滤芯。

随着过滤技术的发展，人们研发出了超微细粒子过滤器。这就是超高效空气过滤器（即ULPA，Ultra Low Penetration Air Filter的缩写）。这种过滤器对直径0.12微米以上颗粒的去除率可达99.999%。由于具备这样的优异性能，半导体研究室和生命科学实验室的净化间都在使用超高效空气过滤器。

## 电离式空气净化器

用一句话来说，电离式空气净化器就是"依靠放电的电离子"来净化空气。我们可能对"放电"和"电离子"感到陌生，那就先来说一说什么是"放电"。

我们是不是经常会说"手机没有电了"？这句话是不是意味着充好的电用完了呢？其实，这是对"放电"的狭义理解。我们都曾有过这样的经历：把充满电的电池放在一个地方，虽然没有使用过，但它的电却没有了。那么电池里的电跑到哪里去了呢？答案是跑到空气当中了，这就是广义的"放电"。空气是绝缘体，也就是说空气当中不会通过电流。但是在强大的磁场下，空气中也会有电流通过，这种现象就被称为放电。例如，闪电和脱毛衣听到的"噼噼啪啪"声都是放电现象。

"电离子"是什么呢？我们喝的饮料中是不是有电离子饮料？

这意味着饮料里面有溶解的电离子。电离子很小，我们的肉眼看不到。物质在水里溶解成阳离子和阴离子的现象就叫作电离。在电离的过程中，本来是中性的物质会变成正离子或是负离子。电离不光发生在水中，在空气中也会时有发生。放电的时候就会产生电离子。换句话说，在空气中有电流通过时，就会分解出阳离子或者是阴离子。

但愿上述解释能让读者们更容易理解电离式空气净化器的工作原理。电离式空气净化器中安有两个电极。如果给这两个电极施以高压，让电流流过，会发生怎样的事情呢？会发生放电现象，从而使空气中产生电离子，即阳离子或者是阴离子。这样产生的正电荷的电离子（阳离子）或是负电荷的电离子（阴离子）会与空气中的粒子（灰尘等污染物质）相遇。这些粒子也同样有正电荷或负电荷。这样的话，有着正电荷性质的灰尘会趋向负电极，或是负电荷性质的灰尘趋向正电极，最终被吸附。通过静电的吸引，灰尘等污染物质就会聚集在空气净化器的集尘板上。

如果这样讲读者们还是难以理解的话，可以回忆一下起静电的衣服上沾上灰尘的场景。如果往布满灰尘的衣柜里放入一件起了静电的衣服，结果会怎么样呢？

衣柜里的灰尘都会粘在这些衣服上，相反衣柜却变干净了。电离式空气净化器就像这件起了静电的衣服，在净化器的两个电极上加以高压就可以持续地制造出静电，然后通过"放电的电离子"捕捉灰尘等污染物，实现净化空气的效果。相比其他类型的空气净化器，电离式空气净化器的优点是消耗的电量少并且没有噪音。

但是因为没有循环空气的风扇，电离式空气净化器需要很长的时间才能将空气净化干净，并且在宽敞的空间里，其净化的效果也会打折扣。为了克服这样的缺点，科研人员在净化器中安装了风扇，从而使空气循环顺畅，大大提升了净化效果。这样的净化器也被称作"电集尘式空气净化器"。

大家还需要了解一点，电离式空气净化器在净化空气的同时，不可避免地会产生臭氧。

臭氧虽然有除去空气中有害物质的作用，但当人们吸入浓度过高的臭氧时，就会出现咳嗽、头痛、气喘和过敏的症状，这也是政府对臭氧的安全浓度做出规定的原因。


## 最好的空气净化器

在经常出现雾霾天气的地区，空气净化器是非常有用的。但是从环保的角度来看，空气净化器又和空调一样，是一台具有"双刃剑"性质的家用电器。

研发空气净化器的最初动因是消除原子弹实验场里的空气污染物。但具有讽刺意味的是，原子弹才是给地球带来巨大污染的危险武器。

即使在没有空气净化器的年代，人们也有办法让家里的空气保持干净清新。那就是早上迎着暖阳，打开窗户通风换气。沁人心脾的清新空气是空气净化器净化不出来的。最好的空气净化器既不是过滤式空气净化器，也不是电离式空气净化器或电集尘式空气净化器，而是大大敞开的窗户。

我们失去了最好的空气净化器。或许，我们开不了窗户的原因是人类制造出的各种各样的机器污染了环境。希望我们不要忘记，那些为了人们生活的便利而研制出来的种种机器，或许也在让我们一步步地踏入了危险之地。

在打开空气净化器之前，希望大家能够考虑一下：怎样做才可以使大家都能够打开窗户，尽情地呼吸到清新的空气？

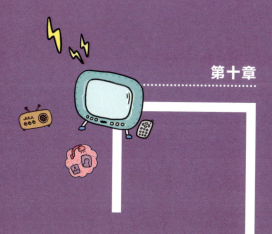

# 熨平衣物、愉悦心情的助手
## ——熨斗

# 通过电流的热效应工作的电熨斗

你是否观察过他人使用电熨斗？将衬衫放在熨衣板上，用适当的热度轻轻地熨烫，会发现原本干皱的衬衫变得平整了。我们用手用力拉抻也很难平整的衬衫，使用熨斗轻轻来回烫两下便骤然平顺了。裤子也和衬衫一样，甩干之后原本平整的裤子不知不觉中就起皱了。

上学的时候，穿上刚用电熨斗熨出来的规整的校服衬衫，心情也随之变得愉悦。被作业、考试、人际关系等问题而搞得烦乱的心绪似乎也被理顺和抚平了。我们需要切记的一点是，衣服上放着电熨斗，可不要想其他的事情哦，小心把衣服烫坏了。

# 从"烫褶子"到洗衣消毒熨烫一体衣柜

从人类开始注重穿衣打扮的那一刻起，熨斗的历史便开始了。在比较正式的场合，不能穿布满褶子的衣服。历史最悠久的熨斗始于希腊人曾经使用的"烫褶子"。这是一个类似于擀面杖一样的金属棍。希腊人在制作亚麻布料①的衣服时，用它在衣服上的一些地方熨出装饰性的褶子，从而使衣服看起来更加华丽和美观。

14世纪，欧洲出现了熨斗②。这种用铸铁块做成的熨斗在火中烧一段时间，然后接触衣服的布料，褶子就会变得平整。人们经常在火炉里放上几个这样的熨斗轮流来熨烫衣服。之后不久，又出现了"箱熨斗"，就是在空的金属箱子里放入烧好的煤炭作为热源的熨斗。

在东方也用类似的方式熨烫衣服。古代的中国人在又扁又矮的碟子上放入烧红的煤炭来熨烫衣服。这种方式一直沿用到19世纪。在韩国的新罗古墓发现了那时候人们用的熨斗。另外，19世纪的学者李圭景在其著作《五洲衍文长笺散稿》中对熨斗作了记载。以此可以推测，在17、18世纪，韩国人已经广泛使用熨斗。

---

① 用亚麻捻成线织成的纺织品的统称。——原书注
② 平整衣服和布料的工具。最初的熨斗是用铁制作的，底板平整，有较长的手把。——原书注

直到18世纪，人们使用燃烧的煤炭或木炭为熨斗提供热量。19世纪后期，则开始使用灯油或动物的脂油为熨斗加热。但是用滚烫的煤炭、木炭或各种油脂熨烫衣服既烦琐又危险。熨烫的时候，煤炭还可能掉到衣服上，因此一个人不容易操作，且熨烫多件衣物需要花费很长的时间。最终，电力时代的到来，为上述种种问题的解决提供了契机。

1882年，美国的发明家亨利·西里（Henry W. Seeley）发明了电熨斗。西里所发明的电熨斗可称为"电阻加热式熨斗"，其原理是让电流通过阻碍电流的导体产生热量。另外，西里发明的电熨斗的把手在上方，因此方便人们自由地来回熨烫。我们如今使用的铝质和不锈钢

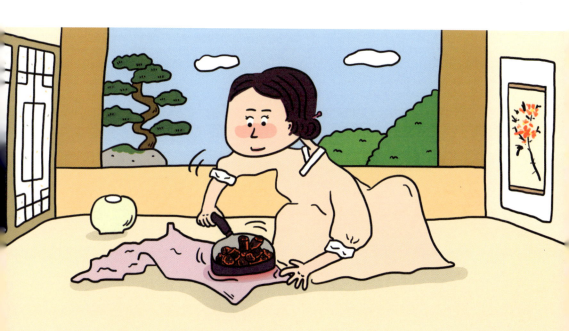

材质的电熨斗就是源于这种电熨斗。

这种熨斗也存在问题，那就是不容易调节熨烫面板的温度，因面板温度过高烫伤人的事例不在少数。为了解决这个问题，西里和他的同事理查德·戴尔进行了不懈的研究，终于迎来了电熨斗被人们普遍接受的时代。如今不仅有电熨斗，还出现了蒸汽熨斗以及含有熨烫功能的洗衣消毒熨烫一体衣柜等多种用具或设备。

# 热与压力

 

熨斗是用于熨平衣物褶子的工具。那些无法用手整平的褶子，熨斗却瞬间可以熨平，其秘诀是什么呢？熨平衣物需要一定的热量与压力。熨斗在工作的过程中，最重要的就是对布料施以热量与压力，同时它还能除去衣服上的寄生虫、细菌和真菌。

我们可以思考一个问题——熨斗是如何产生热量与压力的呢？熨斗的压力不仅来自熨斗本身的重量，人们在使用熨斗时向下按压也会对衣物施加压力。热量是熨平衣服的关键。熨斗根据热源的不同，分成了不同的类型。利用煤炭加热的是烧炭熨斗，利用煤气加热的便是燃气熨斗，利用电加热的就是电熨斗。在此，让我们来了解一下使用最为广泛的电熨斗的工作原理。

## 电流的热效应

为了了解电熨斗的运作原理，首先我们应该了解电流的热效应。从工学的角度来说，电熨斗就是将电能转化为热能的用具。那么，电熨斗是如何将电能转化为热能的呢？答案就是电流的热效应。

导体对电流的阻碍作用被称为该导体的电阻。那么，为什么会发生电阻呢？我们可以将"电流"理解为"自由电子在流动"。自由电子在流动的过程中会与导体内的原子相碰撞，产生了对电子的阻碍作用。在此过程中电能会产生消耗，转化成热能，我们称之为"电流的热效应"。

电流的热效应因为无法用肉眼看到，所以会觉得理解起来有点困难。那么，让我们回顾一个小时候的场景。从滑梯上滑下来的时候，是不是感觉屁股有点热热的。我们把滑梯看作是物体，臀部是电流或者自由电子。如同从滑梯上滑下来的时候，臀部摩擦在滑梯上会产生热量，电流在流动的时候与物体内部的原子相碰撞，彼此摩擦也同样产生了热量。

我们通常所说的导体，是指存在大量能够自由移动的带电粒子，易于传导电流的物质，一般金属，像金、银、铜、铁等，都是导体。像玻璃、塑料、纸张等绝缘体没有电流通过，因此也就不存在电流的热效应。电流的热效应与通过导体的电流的大小、导体本身的电阻值以及电流通过的时间长短有关。

## 电熨斗

电熨斗大致由三个部分构成。机身、发热体和温度调节装置。机身指的是由手柄、罩壳以及底板组成的装置。电熨斗的重要部分是发热体，即镍铬合金丝。镍铬合金丝是电阻率比较高的电热元件。如果电流通过镍铬合金丝会发生什么事情呢？会由于"电流的热效应"产生热量。镍铬合金丝的电阻很大，因此短时间内就会产生大量的热。热量传到熨斗底板，使底板温度升高到可以熨烫衣物的程度。此时，读者们会产生一个疑问。为了进行熨烫，需要持续不断的热量，如果熨斗底板的温度过高会发生什么情况呢？

熨斗使用不当就会发生损坏衣物的现象，甚至还有可能烧掉衣物。因此，熨斗除了要发热，还有一个重要的要求，那就是保持"一定的温度"。如果无法维持一定的温度，别说熨衣服了，人的生命也会受到威胁。熨斗可以维持一定的温度，秘密在于它的温度调节装置。

温度调节装置是电熨斗通过控制电路的连接或断开来控制温度的。电熨斗中的"双金属片"是它的"自动温度调节器"。双金属片是两种热膨胀系数不同的金属贴成的一种复合材料。金属在受热时长度和体积都会变大，由于两种金属受热后膨胀的程度不同，原来平直的金属片就会发生弯曲。双金属片正是通过自身受热后形状发生改变形成开关控制温度。具体来说，当熨斗发热体到达一定温度后，双金属片受热弯曲，最终与电路的触点分离。导体没有了电流，就没有了电流的热效应，电熨斗温度下降。当它的温度下降到一定程度后，双金属片又因为散热而恢复了原来平直的形状，与电路的触点接通，电流热效应产生，电熨斗升温。利用双金属片的这一特性制造出来的"自动温度调节器"，可通过"导体升温——双金属片变形断电——导体降温——双金属片恢复形态通电——导体升温"这个循环来使熨斗维持在一定的温度范围内。正是因为有了温度调节装置，人们可以按照衣物布料的不同要求调整温度，只要不将熨斗长时间放置在衣物上，就不会发生烫坏衣物的现象。


## 蒸汽熨斗

当我们在看一部年代剧的时候，往往会出现用熨斗熨衣物的场景。

这样的场景中常常会出现一个小细节——剧中人物含一口水喷在需要熨烫的衣物上。这样做是为了使布料有一定的湿度。后来,人们开始使用喷雾器给衣物加湿。之所以需要喷水,一是熨烫所需的温度较高,没有水分的话会损伤布料;二是部分种类的衣料有了适当的水分,衣服的熨烫效果会更好。

但每次熨烫都要喷水是件烦琐的事情。为了解决这个问题,人们便研发出了蒸汽熨斗。如果过去的熨斗只是提供了热量与压力的话,那么蒸汽熨斗在此基础上还提供了适当的水分。现在家庭中最常见的就是蒸汽熨斗。

蒸汽熨斗的基本构造与其他电熨斗相似,差别只是在机身部位带了一个水箱。这正是蒸汽熨斗产生蒸汽的关键所在。水箱里的水被高温烫板底板烧热或者被熨斗内置的电热装置烧热,而后瞬间变为水蒸气喷出来。试想一下,在滚烫的炉灶上滴入一滴水,是不是水滴会伴随着"滋滋"的声音变成水蒸气?大部分蒸汽熨斗里的蒸汽会自动喷出,但也有的蒸汽熨斗需要按着开关按钮才能喷出蒸汽。


## 熨斗,房间里的洗衣店

如同所有的工学在发展一样,熨斗也同样经历着演变。那么熨斗技术目前发展到怎样的水平了呢？如今的"熨斗"已经可以做到洗涤衣物的功效了，因为已经制造出了蒸汽洗涤消毒熨烫一体衣柜了。这种衣柜外观与冰箱相似。将衣物挂在里面，"衣柜"会把衣物处理干净平整。因此，它可以被称为"房间里的洗衣店"。

直到现在，我们还会将一些无法在家里洗涤的冬装或者特殊材质的衣服拿到洗衣店里洗涤。但是如果有蒸汽洗涤消毒熨烫一体衣柜的话，在家洗衣也可以达到洗衣店的洗衣效果。这种衣柜能够将蒸汽喷入衣物为衣服除尘，还能利用蒸汽除掉衣服的褶子和异味，甚至还能对衣物杀菌和烘干。有了它，人们不用刻意打理，就可以穿上整齐干净的衣服了。

广义上说，蒸汽洗涤消毒熨烫一体衣柜就是一款蒸汽熨斗。或者说，它让蒸汽熨斗又增添了洗衣的功能。这也充分说明，熨斗技术在持续的发展之中。与煤油灯下用"箱熨斗"熨烫衣物的时代相比，这种发展让人惊叹不已。未来的熨斗又会是什么样子呢？对于工学发展带给我们的美好未来，我们满怀好奇和期待。

第十章　熨平衣物、愉悦心情的助手——熨斗

环保炊具
——电灶

# 电灶——因加热方式
# 变化带来的便利

　　如果用燃气灶煮汤或煮洗衣服[①]，常常会发生沸水溢出的情况。甚至不止一次我因为在客厅看电视，不知道沸腾溢出的水把燃气灶的火扑灭了。等发现后，吓了一大跳，赶紧打开窗户通风。如果再晚一点发现的话，真不知道会发生什么。实际上，错误地使用燃气灶可能会导致燃气泄漏或爆炸。

　　燃气灶是厨房中的必备用具。我们用煤气灶煮汤，也煎鸡蛋。但是，燃气灶必须小心使用。如果使用不当，燃气泄漏会引起爆炸或使

---

　　① 在过去，韩国人常用锅来煮纯棉衣服进行消毒。——编者注

　　第十一章　环保炊具——电灶

人窒息。这是一种危险的炊具，特别是对小孩子来说。因此，越来越多的人开始使用比燃气灶更安全的电灶。这是一种更加便捷和安全的烹饪用具。

## 炉灶的历史

炉灶有很多种，电灶只是其中的一种。炉灶是用以烹饪的供热设备的总称。换句话说，它是一种为蒸煮、烧烤和油炸食物提供热源的炊具。根据加热方式的不同，它可以分为燃气灶、微波炉和电灶。迄今为止，燃气灶仍然是人们最常用的炉灶。

1802年，第一位制作出燃气供热灶具的人是摩拉维亚人察可斯·温兹勒（Zachaus Winzler）。温兹勒制造的燃气灶由四个燃烧器和烤炉组成。它与现在使用的燃气灶有很大的不同。

1826年，在英国一家名为北安普敦（Northampton）的天然气公司工作的詹姆斯·夏普（James Sharp）为自己设计的煤气灶申请了专利。但是，燃气灶直到19世纪50年代才被广泛使用。这是因为当时燃气管道还没有进入千家万户。直到19世纪80年代，燃气才被广泛应用于家庭之中。

正如我们在第一章中看到的那样，微波炉是由美国雷达制造商

"雷声"公司的工作人员珀西·斯宾塞发明的。比起其他的炉灶，电灶很晚才开始被人们广泛使用。但是，它发明的时间相当早。1859年，乔治·B.辛普森（George B. Simpson）制造了第一台电灶。它使用电池作为电源，通电后电流流经铂丝线圈产生热量。它不仅用于烹饪食物，还用于供暖和烧水。

如今，各种类型的简单而安全的烹饪用电灶进入了人们的生活。烹饪用电灶按工作原理的不同，主要可以分为两类：直接加热式电灶和感应加热式电灶。

# 焦耳定律和安培定律

## 直接加热式电灶

直接加热式电灶，是通过电炉顶部的加热元件产生热量并将热量传递给锅具来烹饪锅内食物的。如果说燃气灶具是通过燃烧燃气加热锅具来烹饪食物的，那么直接加热式电灶就是利用电热元件的热量烧热锅具来烹饪食物的。

这种电灶是如何产生热量的呢？当前韩国民众使用最广泛的直接加热式电灶是"辐射热"炉（韩国人经常以产品名称代替对电炉的称呼，如用"辐射热""高亮"代指电炉）。

要了解直接加热式电灶的工作原理，就需要先了解"焦耳定律"。这条定律是由英国物理学家詹姆斯·普雷斯科特·焦耳（James Prescott Joule）于1840年发现的。该定律指出了流经导体的电流大小与导体产生热量之间的关系。换句话说，这是揭示电流通过导体产生热量的定律。电流通过导体产生的热量被人们称为"焦耳热"。

　　直接加热式电炉的电热元件是一根镍铬合金丝。将电源线插入插座接通电源后，镍铬合金丝会发热。由于"焦耳定律"，金属丝产生了"焦耳热"。

　　电灶通过镍铬合金丝通电后产生的热量加热锅具烹饪食物。镍铬合金丝是主要由镍和铬两种金属组成的合金材料，具有较高的电阻率。当有电流流经时，它可以在相对短的时间内产生大量的热。因此，它不仅广泛应用在电炉上，而且是电熨斗和电吹风等电器的常用电热元件。

　　现在我们理解为什么有的直接加热式电灶的名字被叫作"高亮"了。这是由于镍铬合金丝产生的热辐射旺盛，发出了耀眼的光芒。使用这种炉灶虽然不存在使用煤气灶可能产生的煤气爆炸或煤气中毒的致命问题，但是炉灶在使用后炉体的热量不会一下子消失，使用不当也会产生安全隐患，存在烫伤人的风险。

# 感应加热式电灶

　　那么感应加热式电灶是如何工作的呢？感应加热式电灶通常被称为感应电灶。我们日常所用的电磁炉就是典型的感应加热式电灶。我们先做一个有趣的实验。准备一台电磁炉、一锅水和一张纸。现在，将纸放在电磁炉和锅之间，然后通电加热。出乎意料的是，水沸腾了，但纸却没有燃烧。实际上，即使是在电磁炉工作的情况下，将手伸到炉板的上方也感觉不到热。让我们来给这个神奇的实验做个说明，这样大家就明白电磁炉的工作原理了。

　　怎么会发生这样的现象？这是因为感应加热式电灶不直接加热锅具。没有直接加热锅具，它又是如何烹饪食物的呢？要知道个中原因，我们首先需要了解一些科学定律。

　　1820年，丹麦物理学家奥斯特发现，任何通有电流的导线都可以在其周围产生磁场，这就是所谓的"电流的磁效应"。奥斯特发现电流的磁效应后，英国物理学家法拉第受到启发：既然电能生磁，那么磁为什么不能生电呢？从此法拉第开始了对磁生电长达10年的探寻。终于，1831年法拉第发现了电磁感应现象，随后又通过实验提出了著名的电磁感应定律。简单来说，法拉第发现了磁场可以产生电流。

现在，可以揭开电磁炉的秘密了。电磁炉玻璃板下方有一个线圈。当电流流过线圈时，不会产生热量，但是会产生磁场。该磁场会与电炉上的铁锅起反应。因为铁成分可以与磁体相吸，具有导磁性。

更确切地说，根据电磁感应定律，线圈产生的磁场会与锅底的铁成分产生涡旋电流。那么，接下来将发生什么呢？在锅底产生的涡旋电流将产生上文中所说的"焦耳热"，从而加热锅具本身。电磁炉炉板摸起来并不热的原因是因为那里只有磁场，而纸张是不具备导磁性的。电磁炉烹饪食物的热量来自磁场通过含有铁成分的锅具产生的电

流转化出的焦耳热。换句话说，"感应加热"只加热了锅具，而没有加热电灶的顶部。电磁炉采用的是磁场感应电流产生的焦耳热加热物体的工作原理。

这就理解了为什么电磁炉几乎就是感应加热式电灶的别称。在韩语中，电磁炉就是"感应炉"的意思。在物理学中，感应是指闭合电路的磁通量发生变化，就会有电流产生。

电磁炉具有热效率高、没有明火且炉子面板不发热的优点，没有烫伤人的危险。但是，电磁炉不能使用玻璃、陶瓷或铝等材料制作的锅具。这是因为磁场必须通过包含铁成分的锅具才能产生电流。如果锅具的锅底中不含有可以让磁铁吸引的材料，则磁场将不会产生电流，这种锅具也因此无法适用于电磁炉。

## 组合式双灶

组合式双灶是把直接加热式电灶和电磁炉组合在一块面板上。如果面板上可以安装三个灶眼，则其中两个灶眼可以设计成感应加热式的电磁炉，而另一个则可以设计成直接加热式的电陶炉。这种电灶结合了直接加热和感应加热的优点，使用起来更加方便。如今，组合式双灶正越来越流行。

## 环保烹饪器具

与燃气灶相比，电灶既安全又方便。而且，比起使用燃气灶，使用电灶更加环保。燃气灶以燃气作为能源，而燃气则是由化石燃料制成的。因此，在制造燃气和使用燃气的过程中，环境会遭到污染。在燃气灶的使用过程中，会排放一氧化碳和细粉尘等污染物。特别要注意的是，燃气灶的使用会使室内空气变得浑浊，因此在使用后必须换气通风。

电灶对环境的污染会少一些。虽然当前大部分电力的生产还不得不使用化石燃料，但是，近年来人们越来越多地利用太阳能、风能和水能这些可再生资源发电。电灶能够使用由非化石能源产生的电力，从这一方面来讲，它是很好的家用电器。我希望读者们能够记住这样一个重要的事实——电灶是一种安全、方便且环保的炊具。

# 寻找学习的乐趣，
# 走向生活中的工学世界

我像大家这个年龄的时候，真的很讨厌学习，也不喜欢读书，该做的作业也不喜欢做。但我现在非常乐于学习，并把它当作了一项日常工作来做。为什么会发生这样的转变呢？

为什么在上学时读书学习不开心？因为我认为学习的东西都只是课本里的。我以为学习只是学习，与吃饭、洗衣服、坐公交、结识朋友或玩游戏没有关系，因此觉得读书真是无聊和讨厌。

那现在我为什么乐于学习了呢？因为我知道学习和生活并不是彼此疏离的。语文学习并不只在课本里，它也可以在阅读有趣的小说、欣赏自然美景以及与朋友交流的过程中发生。数学的学习也是如此，它也可以在我们计算如何使用零花钱，以及计算如何在游戏中打败对手的过程中进行。因此，学习和日常生活是紧密联系的。当你知道学习和生活如此贴近，学习就会变得有趣起来。希望你能通过这本书知道这一点。比起其他的任何一门学科，工学离我们的生活更近。因为工学就是为了给我们创造更加便捷和舒适的生活而诞生的。我们平日里看电视，用吸尘器保洁，打开空调降温以及饮用净水器净化后的水，这些都是工学发展的结果。我想让大家知道，科学技术是如何在我们的生活中得到应用的，以及它离我们的生活有多近。

　　了解工学如何融入我们的生活，这会让我们的生活发生哪些变化呢？你可以从中获得两种乐趣。一种是为普通的生活增添特别的乐趣。在生活中学习工学，会让你觉得再日常不过的家用电器竟然蕴藏着这么多的知识和故事。我们经常看的电视，使用的吸尘器、空调和净水器是多么的神奇！

　　还有一种乐趣是学习本身的乐趣。"啊哈，原来是这么个道理啊。""是的，我之前就觉得这事很稀奇！"像这样，虽然仅是恍然大悟的一瞬间，但是依然会让你感到生活的充实和喜乐。

　　我真希望这本书能够让大家平凡的生活变得丰富多彩，让无聊的学习充满乐趣。

还想说一点，学习的乐趣不仅限于工学，语文、数学、英语、人文科学也同样会给人带来乐趣。盼望着大家能够用心去发现学习和我们生活的种种关联，发现学习是多么有趣的一件事。虽然此书的乐趣仅限于工学，但希望大家"百尺竿头，更进一步"，激发自己的好奇心，享受探索未知世界带来的无限乐趣！

作者寄语

**图书在版编目（CIP）数据**

真好奇，家电科技／（韩）黄珍奎著；（韩）GOGOPINK绘；
金德译 .－－济南：山东人民出版社，2021.8
（科学少年系列）
ISBN 978-7-209-11220-8

Ⅰ.①真… Ⅱ.①黄… ②G… ③金… Ⅲ.①日用电气器具－
少年读物 Ⅳ.①TM925-49

中国版本图书馆CIP数据核字(2021)第126883号

**真好奇，家电科技**
ZHENHAOQI, JIADIAN KEJI

〔韩〕黄珍奎　著　〔韩〕GOGOPINK　绘　金德　译

主管单位　山东出版传媒股份有限公司
出版发行　山东人民出版社
出 版 人　胡长青
社　　址　济南市英雄山路165号
邮　　编　250002
电　　话　总编室（0531）82098914
　　　　　市场部（0531）82098027
网　　址　http://www.sd-book.com.cn
印　　装　济南龙玺印刷有限公司
经　　销　新华书店

规　　格　16开（165mm×210mm）
印　　张　10.25
字　　数　92千字
版　　次　2021年8月第1版
印　　次　2021年8月第1次
ISBN 978-7-209-11220-8
定　　价　49.80元
　　　　　如有印装质量问题，请与出版社总编室联系调换。